U0229515

# 民族风格
# 服装设计

## Design of
### Ethnic Costume

刘天勇　王培娜　编著

化学工业出版社
·北京·

本书是一部以民族服饰为主要设计素材的服装设计教材，也是一本以强调民族文化内涵为根本，辅以设计创新方法的服装设计书籍。全书共分为四个部分，各部分由浅入深，循序渐进，反映出每一个阶段要完成或涉及的内容。第一部分为解读·民族服饰与时尚服装设计，帮助读者解读民族服饰上的符号内涵，并让读者明白民族服饰对时尚服装设计的意义，把握民族风格服装设计的要点，为进入创作做好准备。第二部分为启示·民族风格服装设计的创新手法，这是对设计方法的分析归纳，这部分内容尽可能通过实例、范例而展开，具体方法经过分析，把它的核心部分直接呈现在读者面前，有助于读者理解并熟练把握，也是对设计者的一种启示。第三部分为规范·民族风格服装设计的程序，这部分是两位作者多年教学经验和研究经验的思考总结，小节按设计程序来组织安排。第四部分为鉴赏·民族风格服装设计作品分析，有助于读者从欣赏的角度来审视民族风格的服装设计。

本教材的图片资料大多为作者多年采风获取的第一手资料，也有部分教学成果积累作为范例，为学生讲解更具有说服力和感染力。

本书为高等院校服装设计专业教材，亦可供艺术院校非服装专业选修课使用，也可供热爱服装设计的专家、学者和其他读者学习和参考。

**图书在版编目（CIP）数据**

民族风格服装设计/刘天勇，王培娜编著． —北京：
化学工业出版社，2016.4（2021.8重印）
ISBN 978-7-122-26266-0

Ⅰ．①民…　Ⅱ．①刘…②王…　Ⅲ．①民族服饰-
服装设计-中国　Ⅳ．①TS941.742.8

中国版本图书馆CIP数据核字（2016）第026087号

责任编辑：蔡洪伟　　　　　　　　　　文字编辑：周　偶
责任校对：王　静　　　　　　　　　　装帧设计：王晓宇

出版发行：化学工业出版社（北京市东城区青年湖南街13号　邮政编码100011）
印　　装：北京捷迅佳彩印刷有限公司
787mm×1092mm　1/16　印张14¼　字数386千字　2021年8月北京第1版第3次印刷

购书咨询：010-64518888　　　　　　　　售后服务：010-64518899
网　　址：http://www.cip.com.cn
凡购买本书，如有缺损质量问题，本社销售中心负责调换。

定　　价：69.00元

中国是个多民族国家。《春秋左传正义》："中国有礼仪之大，故称夏；有服章之美，谓之华。"意即因中国是礼仪之邦。"夏"有高雅的意思。中国人的服饰之美，故作"华"。几千年来汉族在晋、燕、秦、齐、吴、越、楚等国的基础上构成了灿烂的华夏文化，又与共同生活繁衍在这片神州大地的少数民族同胞们构成了伟大的中华文化。

中国地域辽阔，民族众多，在其发展的历史过程中，兼收并蓄，各民族文化的相互影响和交融，反映了华夏民族文化的多元性和多彩性。即使今天我们看到的"唐装"和旗袍、长衫马褂都不是汉族的民族服饰，而是满族的民族服饰或改良。尤其是旗袍，更是受西洋文化东渐的影响，将平面裁剪改为立体裁剪，凸显女性曲线之优美，堪称中西服装文化交融的最佳实例。

当我们提起日本的"和服"、韩国的"韩服"时，无疑是受益于中国传统服饰的影响，只是由于民族较为单一，成为了他们的"国服"。而纵观中国历史，幅员辽阔，民族众多，因此造成了服饰多样性的发展格局。各个民族的先民们遵循本民族的发展脉络而传承，在服饰的设计上，都有自己的独特之处。这就是民族服饰民族性的真实反映。从这个意义上讲，服装服饰都有自己的过去、现在和未来，只有这样才能了解"穿在身上的民族历史"，通过服饰了解这个民族的历史变迁和发展。

文化学者认为，服饰的起源与人类文化的发展是紧密联系在一起的，不同的民族在其特有的人文环境中获得了各自的存在方式，不同的服饰反映了各具特色的文化传统和文化心理。服饰作为社会文化现象的反映，是区分族群的标志。由于每个民族的生活环境、风俗、信仰、审美等方面的差异，服饰的材料、样式、色彩、图案、配饰、制作工艺等也都千姿百态，风格迥异。不同的少数民族服饰，反映出不同民族、不同时代的装饰习俗和其中蕴藏着的审美情趣、审美理想、审美追求。其中，服饰样式的变化、材质的运用、色彩的搭配、纹样的选择，不但记录了特定历史时期的生产力状况和科技水平，而且也反映了本民族的审美观念和生活情趣，烙有特定的时代痕迹。

符号学研究表明，服饰的构成要素是按一定文化的传统模式所作的编码，体现于服饰的符号化形式，遂由丰富的符号学"词汇"构成，这些构成要素具有很强的叙事特征和独特的美感。因此，对民族服饰如何转换为具有民族风格的设计研究一直是一个重要而有趣的课题。

本书作者刘天勇老师曾就读于四川美术学院服装专业，因学校地处重庆，离少数民族集居的云贵地区很近。受教学环境影响，很早就对民族服饰的课程有浓厚的兴趣。尤其是攻读硕士学位的研究生阶段，多次深入贵州少数民族地区实地考察，取得了第一手资料，硕士论文以此为基础，写下的《贵州苗族服饰符号语义及研究价值》一文，对苗族服饰构成元素所体现出的符号语义作了深入解读，内容翔实，对于民族服饰符号语义的现代转换提出了具有理论研究价值的观点和运用方法，实属一篇优秀的学术论文。毕业后又去了青岛大学纺织学院的服装专业任教，延续了自己感兴趣的民族服饰与民间工艺的研究与教学，并取得了较为丰硕的教研成果。这本《民族风格服装设计》，是刘天勇与王培娜老师合作的成果之一。全书分为四个部分，包括民族服饰与时尚、民族服饰风格的创新与设计方法，以及国内外对民族服饰风格借鉴的典型案例的分析等，既有详尽的理论阐释，也有实践层次的具体运用，图文相照。对在校学习服装设计的学生，以及从事服装设计的设计师而言，本书作为设计具有民族服饰内涵和时尚风格的服装作品提供了较为广阔的理论视野和具体的设计方法，有直接的参考意义和研究价值。全书充满了对民族服饰文化和装饰特点的理解力，对于如何借鉴，如何创新，明显透露出了清新的学术气息，这些成果表明，做一名学者型、专业型的教师仍然是当今教师的必由之路。

　　学术是一种追求，作为青年教师，能以此为乐，潜心研究，勤于思考和总结，并不断有成果呈现，理当祝贺。

　　是为序。

余　强

2016年2月5日

# 一、民族服饰的符号特点

世界上每一个民族，由于不同的自然、社会条件的制约，形成了不同的习惯、思维、道德价值和审美观念，也形成了民族的心理共性，它直接或间接地表现在自己的设计活动中，成为一种人们喜闻乐见的审美符号，因而不同的民族通过不同的服饰符号就能相互区别。从艺术角度来看，民族服饰通过其款型、纹饰、色彩、空间、表现等这类视觉造型符号来传达不同的观念、表达不同的情感，从而唤起本族群共同的心理文化，以实现某种功利意愿。就如同卡西尔认为的："符号化的思维和符号化的行为是人类生活中最富有代表性的特征。"可以说民族服饰是各民族人民创造的通过视觉传达文化信息的符号，以下分别从三个方面来解读民族服饰的符号特点。

## （一）历史性符号

1.与自己先民的生息发展和迁徙有关，是对祖先故土的缅怀、迁徙路线与过程的记录。

西南地区许多少数民族如苗族、侗族、哈尼族、瑶族等在漫长的历史进程中，曾经为了集体的生存发展而几度迁徙，至今依然传承下来的女子衣裙上的山川纹、田丘地块纹、天空田地纹、湖泊纹等，几乎都可认为是这类符号的代表。如广西隆林苗族妇女百褶裙上的"九曲江河花纹"（图1-1-1），表现的是过去苗家人迁徙时经过的滔滔河水；贵州普定苗族女子百褶裙上的褶裥是表示怀念祖先的故土（图1-1-2），那些几何条纹表现的是她们过去逃难中怎么过黄河长江的，那密而窄的横条纹代表长江，宽而稀且中间有红黄的横线代表黄河；贵州黔东南地区的苗族百褶裙图案非常丰富，各种宽窄不一的条纹和方格状图案代表着曾经的家园有水和田地（图1-1-3）。无怪乎学者们都把苗族称为"将历史穿在身上的民族"。

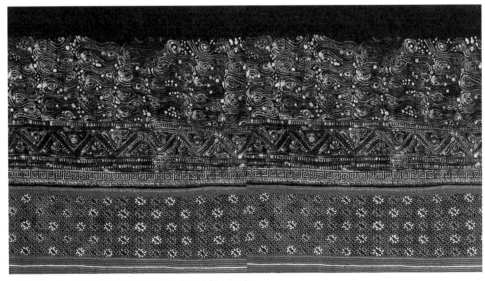

图1-1-1　九曲江河花纹（广西隆林苗族妇女裙边）

图1-1-2 传说裙子的褶裥是表示怀念祖先故土（贵州普定地区）

图1-1-3 裙子上各种宽窄不一的条纹和方格状图案代表着曾经的家园有水和田地

图1-1-4 哈尼族送葬帽子上五组三角形图案排列次序感很强，呈对称状分布，透射着神秘的色彩（云南地区）

居住在云南地区的哈尼族，他们至今保持着将祖先从遥远的北方迁徙而来所经历的艰难与坎坷记录在服饰上，他们在举行丧葬活动时，送葬人戴的帽子上绣着该民族祖先南下的历程图，帽子上的刺绣有五组不同色彩的三角形图案，每个三角形代表着哈尼族人所经历的某一个历史阶段的表象，象征着哈尼族祖先从远古到现在的全部历史。这五组三角形图案排列次序感很强，呈对称状分布，透射着神秘的色彩（图1-1-4）。据说"亡魂"将按此图形回到祖先居住的地方。魂魄最后的回归地点，是"哈尼族第一个大寨惹罗普楚"。据有关资料查证，"吴芭"上的纹样作为一种民族迁徙标识，记录着祖先迁徙的历史，这与哈尼族祖先迁徙古歌《哈尼阿培聪坡坡》（《云南省少数民族古籍译丛》第6辑，云南民族出版社，1986年）以及神话《祖先的脚印》、《豪尼人的祖先》（分别见《哈尼族神话传说集成》第267，290页，云南省民间文学集成编辑办公室编，中国民间文艺出版社，1990年）等所述的民族迁徙情形是相似的。

少数民族通过服饰上的图案符号化表现，起到追根忆祖、记述往事、沿袭传统、储存文化的巨大作用，对于个人和族群而言，这是保存历史记忆的有效手段。

2.反映古代先人对各种灾害无能为力时产生的对征服灾害的力量的憧憬和向往。

黔东南地区有一个服装很特别的少数民族叫革家，这个民族传说过去天上有十个太阳，后来一个叫羿的后生得到神灵的帮助，拉开弓箭射下9个太阳，才保全了庄稼，给人民带来了希望，所以革家人自称是传说中的射日英雄羿的后代，他们对弯弓射日及弓箭崇拜之至，除每家每户堂屋正前祭祀着一套红白弓箭外，小伙子盛装时腰上要佩戴弓箭，姑娘们头上要戴"白箭射日"帽（图1-1-5），这种帽子呈圆形状，周围一圈红缨穗，帽顶有个小圆孔，圆孔中斜插着一支银簪，仿佛一支箭射中红艳艳的太阳。姑娘们戴着这样的红缨帽，再穿着整体像铠甲一样的"戎装"服饰，作为一种特殊的有意义的符号，它成为革家人曾经征服过自然灾害的积极、乐观的象征。

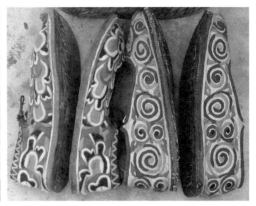

图1-1-5　革家姑娘头戴"白箭射日"帽　　　　图1-1-6　羌族云云鞋有着很强的符号特点

　　羌族人喜爱穿一种叫"云云鞋"的绣花鞋，其鞋面、鞋帮上绣着彩色卷云纹图案，有着很强的符号特点。在羌族叙事长诗《羌戈大战》中有关于云云鞋的描述，羌族先民在历代曾遭受到统治阶级的欺压，被撵到岷江边，面前无逃生之路，只有一根用竹篾扭称的溜索，很多人掉进江心，葬送了生命，于是羌族先民在苦难中幻想在鞋帮上绣上一朵朵彩云，象征着脚踏祥云，逢凶化吉，行走如飞的愿望（图1-1-6）。

　　3.反映祖先的经历，民族的荣辱兴衰。

　　生活在四川茂县黑虎寨的羌族妇女，为纪念几百年前一位带领羌族人民英勇抗敌的英雄，许下"为将军戴孝一万年"的誓言，并用白布包缠在头上，据说将军生前名为"黑虎"，因而妇女们将白布头巾在头上折叠成虎头样子，当地寨子也取名为"黑虎寨"，成年男子则头裹青纱。到如今，黑虎寨中羌族男女这种独特的头饰"万年孝"还依然传承至今，它鲜明地标示着这个民族曾经的荣辱兴衰（图1-1-7）。

　　居住在广西南丹、河池及贵州荔波县的白裤瑶女子衣背上有一个方形的图案，或为"回"字，或为"卍"字，传说当年一个土司夺走了瑶王印，瑶王率领本民族人民与土司战斗，后因伤势过重去世，后人为纪念这个民族英雄，将瑶王印作为图案绣在女子上衣上（图1-1-8），意即瑶王的大印永远留在瑶族人的心中。同时又在男子裤子双膝处各绣上五道红色条状纹饰，象征着瑶王的血手印（图1-1-9）。这类服饰符号，使得瑶族人民对自己崇敬的民族英雄的怀念得到了心理满足。

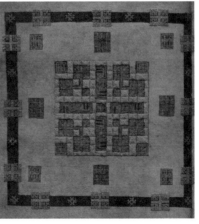

图1-1-7　四川茂县黑虎寨羌族妇女　　　　图1-1-8　白裤瑶女子衣背上　　　图1-1-9　白裤瑶男子裤子
　　　　"万年孝"头饰侧面　　　　　　　　的图案"瑶王印"　　　　　上的图案象征瑶王的血手印

## （二）装饰性符号

在民族服饰符号中，有一些符号是无指称意义的符号，如同康德称为"纯粹美"的图案。康德在《康德选集》（卷五第299页）说，纯粹的美，是一种我们不能明确地认识其目的或意义的美。他认为，古希腊装饰性的图案画、装饰性的镶边和糊墙纸、各种阿拉伯式的花纹和图案，都是说明纯粹美的例证。如同这类纯装饰性的符号，在全世界各个角落里，有着惊人相似的趋同现象，比如几何纹、波浪纹、漩涡纹等图案在世界各民族的服饰中都可以见到。据考古学家考证，这些似乎是纯形式的几何线条，实际上是从写实的形象演化而来，有的是植物图案演化而成，有的是鸟、蛙等动物图案演化而成，后来这些图案的象征意义逐渐被淡化，装饰性胜过了象征性，最终抽象化、符号化。装饰性符号之所以能够在民族服饰上传承下来，就在于这些图案纹样被认为是美的，它能给人带来审美愉悦感。其表现形式丰富多彩，具有强烈的形式美感，归纳起来通常为重复、对称、放射、序列、夸张、对比等。

以贵州凯里地区苗族妇女的盛装服饰为例，盛装以银饰的装饰为主，由于白花花的绣片在红黑两底色布上衬托得异常醒目，俗称"银衣"。银衣用色彩艳丽的绣片与银片和银泡组合装饰而成，绣片主要以对称形式出现在肩部两侧及衣袖外侧，银片和银泡则从肩以下到整个背部的装饰：背部上端沿绣片边装饰一排小银泡，背部中心装饰两块大圆片银饰，再往下是以银泡与银片相间隔形式整齐排列，体现出序列的节奏感，给人灿烂却又庄重的美（图1-1-10，图1-1-11）。

图1-1-10　贵州凯里地区苗族妇女的盛装服饰背面

图1-1-11　盛装服饰上绣片与银泡的序列组合呈现出强烈的装饰美

图1-1-12　侗族妇女背儿带上的装饰纹样

侗族妇女的背儿带（用于背孩子的一块方形绣片）正中有一个以多圈曲线组成的大圆形，由中心向外扩展，纹样的分布形式呈放射状。细看每一圈的曲线纹样都不同，大致接近花瓣纹，其纹样细腻精美、色彩丰富，有着强烈的视觉冲击力（图1-1-12）。

新疆维吾尔族妇女喜爱一种特殊的衣料，称"艾德利斯"绸（图1-1-13），穿在身上有很好的悬垂感和飘忽感，维吾尔族妇女多用于做裙子或包头。这种面料是双面显花的丝织品，纹样有着自然形成的晕染效果，所以组合成的线条纹样和几何图形有着不规则的特点，但都按照一定方向重复排列，显得独特生动。这种极其抽象的图案纹样，也是纯装饰性的符号。

西藏东部地区的藏族妇女爱在宽厚的藏袍外系一块彩条围裙，当地人称为"帮垫"。帮垫由羊毛织成，有多条彩色条纹装饰，通常分为三组，每组的彩色条纹按色彩组合重复出现。在宽阔的雪域高原上，藏族女子这块彩条纹围裙为厚重的藏袍增添了几分妩媚。如果仔细从条纹的色彩和宽窄来看，牧区女子的帮垫颜色艳丽，条纹较宽（图1-1-14）；城镇女子的帮垫颜色淡雅，条纹较细，总体给人色彩丰富却又有强烈的秩序感。

有的装饰性符号来源于现实生活，人们在生活中不断观察的准确性保证了他们的这种造型能力，而且对形象的每个动作抓住最富于特征的瞬间。如广西瑶族服饰上常用到一些站立的人的造型，头部和上身被处理成三角形状，双手和腿用不同粗细长短的条状纹样表示，将这样的人纹图案重复排列，整个图案简洁而生动，形成了很强的装饰效果（图1-1-15）。

图1-1-13 "艾德利斯"绸

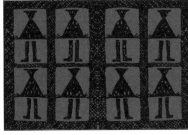

图1-1-15 广西瑶族服饰上的图案

图1-1-14 藏族牧区女子的彩色条纹帮垫

民族服饰中，创造者们在创造想象过程中，又可能在完全与自然原型相脱离的情况下，将各种不同的造型因素构合为新的形象，这种新的形象造型奇特，着重夸张物体的典型特征，而省略大量的非特征细节，装饰性更为强烈。生活在海南的黎族人纺织技术历史上很发达，他们擅长织锦，织锦上的图案非常漂亮美丽，其中表现人的纹样造型形象夸张独特，特征突出：有着菱形的头部、粗壮发达的四肢，大人纹中间和周围都嵌套着小人纹，重重叠叠，显示出一种强有力的气势，充分表现了黎族人的审美观（图1-1-16）。

图1-1-16 海南黎族服饰上的图案

## （三）文化象征符号

我国许多少数民族没有自己的文字，民族服饰上的图案作为一种特定的文化符号，它是"有意义地替代另一种事物的东西"（特伦斯·霍克斯《结构主义和符号学》，上海译文出版社，1998，138页）。这些少数民族的服饰图案在漫长的文化传承过程中逐渐固定、规范化，大多隐喻着民族的族源、图腾或象征祖先的形象，它以这种最直观最贴近人的一种形象"语汇"展示着民族的精神信仰，就像一本无字的民族史诗，传载着重要的远古信息。

1.参照现实对象虚拟出表达对象意义的形式

这类符号大多是把来自于现实的若干自然形体在巫术、图腾或其他神灵意义上加以综合，成为超自然形体的造型，从而具有浓郁的灵异色彩和神秘力量。

如苗族服饰上常用到龙的图案，龙的造型是苗族人综合了各类动物的形态而产生的，它结合了许多神话传说，经常加以牛头、凤脑、蛇身、鱼身等形成多姿多彩的龙的形象，绣在服饰上，被称做牛首龙、蛇龙、蜈蚣龙、人头龙、鱼龙等，非常富有想象力与创造性。苗族服饰上经常出现的这些龙纹图案一般是由水牛的头和角、羊胡、虾须、泥鳅般的粗短身躯、无爪、鱼尾构成，加以简洁的形体，显得质朴可爱、平易亲切，体现出不同于汉民族的审美情趣。苗族认为牛、龙相通，有时视牛、龙为一物，牛变龙、牛角龙，都有牛、龙合体的意思。在黔东南、湘西等地苗族盛行一种古老祭典，名叫"招龙"，二三十年搞一次。招龙的意义是祭奠祖先，保寨安民，乞风调雨顺，而祭典中的龙就是牛（图1-1-17～图1-1-20）。

图1-1-17　苗族服饰上的龙纹图案之一

图1-1-18　苗族服饰上的龙纹图案之二

图1-1-19　苗族服饰上的龙纹图案之三

图1-1-20　苗族服饰上的龙纹图案之四

还有的文化象征符号传说是祖先的化身或象征，是动物崇拜和祖先崇拜的一种印记。如藏族、畲族、仡佬族、苗族等民族崇敬牛这种动物。仡佬族人流传的神话故事里，牛曾经帮助过仡佬族人脱离险境，是他们的救命恩人，历史上的每年农历十一月初一，是仡佬族的牛王节，他们在这一天要举行祭牛王菩萨的仪式，喂养耕牛的人家这一天不能让牛劳动，家家户户都杀鸡煮酒敬牛。藏族人崇拜牦牛随处可见，藏族人们的住宅院墙顶角、居室门楣上、寺庙经堂里放置牛头牛角，拉萨市的中心大道上，竖有金牦牛的雕像，凡经过这里的藏族群众都要向它顶礼膜拜、敬献哈达。藏族人们还将牦牛艺术形象化，体现出对牦牛的崇拜，如寺庙里的壁画有牛的形象、唐卡上有牛头金刚像、玛尼石刻上有人身牛头像等，服饰上更是注入了宗教、巫术的寓意，将牛头图案制作成护身符，作为一种服饰品随身佩戴。畲族人们对牛也是非常崇敬，畲族女子出嫁时，要把头发扭成髻高高地束在头顶，再冠以尖形布帽，形似半截牛角，被称之为"牛角帽"。

　　2.人类借用文化象征符号表达那些无法用语言述说的心灵内容，而这些符号的形成便是基于社会上约定俗成的作用，大家公认它具有某种意义，并相沿使用形成。

　　四川茂县地区的羌族女子围裙上喜爱装饰一种花朵图案，它有着夸张的花瓣，缩小的花梗和叶子，花朵造型显得异常丰满突出。羌族民间相传远古时代羌族群众过着群婚式的原始生活，引怒了天神，派女神俄巴西到人间，住在高山杜鹃花丛中，男人投生前向女神取一只右边的羊角并系上一枝杜鹃花，女的投生前取左边羊角系一枝杜鹃花，投生成长后，凡得到同一对羊角的男女方能结为夫妻。从此杜鹃花被羌族人称为羊角花，又叫爱情花、婚姻花，它象征着羌族男女的婚姻爱情，能给人带来美好的婚姻（图1-1-21）。

图1-1-21　杜鹃花图案象征羌族男女的婚姻爱情

　　居住在云南丽江地区的纳西族妇女服饰很有特色，她们身穿用整张黑羊皮制作的披肩，从背后覆盖住整个背部，上下两端用白色布带在胸前交叉固定。自古以来，纳西族女人操持家务，照顾一家老小非常辛苦，经常从日出忙到日落，因此，披肩后背的两肩处用丝线绣成两个圆盘，图案精美，分别代表日月，披肩的下端横向装饰着七个刺绣精美的圆牌，当地老人们都说这七个圆牌就是天上的北斗七星，这种披肩也被称为"七星披肩"，披肩上那些装饰圆盘作为一种文化符号成为纳西族妇女披星戴月、辛勤劳动的象征（图1-1-22）。

图1-1-22　纳西族妇女服饰　　　　　图1-1-23　象征吉祥的苗族盛装"百鸟衣"

生活在贵州凯里地区的苗族，在举行一些盛大仪式时，会穿着一种叫"百鸟衣"的盛装出场，盛装上几乎处处绣满各种造型的小鸟，裙摆处还缀有鸟的羽毛，当地人盛装舞蹈时，鸟羽飞舞、百鸟闪现，非常好看。百鸟衣在当地盛行是来源于一个传说，一个青年猎人救了一只鸟儿，鸟儿幻化成美丽姑娘与他结为恩爱夫妻，妻子不幸被当地一恶徒看中抢走，丈夫按照妻子的计谋做了一件百鸟衣，恶徒为博美人欢心要求换衣，被丈夫乘机杀死，夫妻团圆。传说中的百鸟衣帮助善良的人战胜了邪恶势力，所以后代纷纷仿其式样，绣上各种鸟儿的图案，加上许多鸟羽做成百鸟衣，它是曾给祖先带来转运的一种符号、象征吉祥（图1-1-23）。

# 二、民族服饰的审美特征

纵观我国的民族服饰，仿佛是一个百花竞艳、万象并存的艺术王国，这不仅是因为我国地域广阔、地形丰富决定了民族服饰艺术的风格特征具有多元化的倾向，还因为各民族制作服饰的人们，这些服饰制作者善于手工制作并注重技艺表现，在保持传承下来的文化元素基础之上，赋予了服饰独特的审美情趣，民族服饰也因此散发出无穷的魅力。

## （一）斑斓绚丽的色彩美

马克思曾说过："色彩的感觉是美感最普及的形式。"民族服饰最为显著也是最为独具的审美特质是"色彩美"，几乎所有的民族服饰无不在向人们展示着其色彩斑斓绚丽的一面，其色彩给人一种先声夺人的感觉而格外引人注目。民族服饰的色彩相比现代服饰色彩，传统的用色更具有一种沧桑的沉淀之美，它的美感是独特的，虽然来源于自然，却是通过对色彩的高度概括、归纳、夸张、想象和变化而来，往往采用平面的、象征的手法，将对象的色彩做概括的表现和简洁的处理，很直白地展现色彩的色相、明度、纯度关系，清晰地强化一种主观意愿，视觉上具强有力的冲击力和形式美，可以说，民族服饰的色彩具有一定的象征性、唯美性。归纳起来，民族服饰在用色上均具有三个共同点：突出主体；丰富的层次感；注重对比与调和。

1.突出主体

民族服饰中，有的色彩变化丰富，有的单纯统一，不管哪种形式，在用色总体上都以一两种色为基础色，再与其他各种色彩相辅相成，强调装饰性的同时突出主体，我们可以概括为："夸张而不过度，修饰而不泛滥"。贵州苗族支系繁多，服饰有上百种，更是以色彩丰富夸张瑰丽著称，而大多数支系的苗族服饰均有一种主导色，如以黑色或深紫色为基调的服饰，上衣和裙子大面积均为深色（黑色或深紫色），部分彩色花边集中在衣领、衣袖边、衣下摆处、裙子延边，主导色的深暗更加衬托出花边的艳丽，突显了花边精致而丰富的色彩美（图1-2-1）。

如图1-2-2，该苗族服饰整个背部几乎被色彩纷繁的图案所覆盖，但视觉上能很清晰地看出该服饰是以蓝色为基调，衬托出红绿相间的图案，而看似复杂的图案又能清楚地看出是以绿色为基调，衬托出红色的纹样，这种纹样被苗族人解释为蝴蝶纹，蝴蝶是苗族人崇拜的蝴蝶妈妈，象征祖先的繁荣。众多的红色蝴蝶纹被蓝绿色围绕，视觉上非常突出，也更显蝴蝶纹样的美丽与气势。

贵州凯里、黄平地区的苗族服饰喜欢戴繁重的银饰，全身从头部开始，密密麻麻装饰了各种银花、银泡、银片，这些银饰装饰在以红、黑色为基调的服装之上，增添了银饰的闪亮质感。银饰在当地苗族人中有富贵幸福的象征意义，认为银饰越多越能给人带来吉祥，用红黑两种色彩体现银饰之美恰到好处（图1-2-3）。

黔南地区的侗族服饰色彩清新明丽，色彩关系非常清晰，工艺复杂、色彩运用又非常丰富的纹样集中在衣襟沿边、衣袖、裙腰等处，颜色以淡黄、淡绿、粉红、浅紫等色为主，服装的其他部分不做任何装饰，使得丰富多彩的纹样在单一的深色或浅色基调下，更加突出，纹样的色彩美不言而喻（图1-2-4）。

图1-2-1　黑色的基调衬托出花边的色彩美

图1-2-2　以蓝色为基调，衬托出红绿相间的图案的服饰

图1-2-3　红黑两种色彩
衬托出银饰之美

图1-2-4　丰富多彩的纹样在单一的深色
或浅色基调下更加突出

2.丰富的层次感

在民族服饰中，层次感的体现也是最为精彩的，通常会通过色彩的色相、明度、纯度，或不同色系的变化来表现，同时构成服装上点线面的各种组合形式，起到了很好的装饰作用，能极大地丰富观者的视觉感受。

彝族是一个文化积存厚重的民族，服饰类型很多，服饰色彩厚重富丽，层次感极为丰富，如图1-2-5中的彝族传统服饰，从色相上看，主要用色就超过5种，但在服装的整体安排上注意明度关系的搭配，其中以深色为基调，辅以明度较高的色块，并按一定规律来布局，特别是裙子部分，彝族的多褶长裙可以说是这个民族服饰特有的，它是以宽窄不同、色彩明度不同的多层色布相拼而成，产生出色彩的丰富层次感。

图1-2-5　具丰富层次感的彝族服饰

同样，很多民族服饰在色彩上也有着很强的层次感，其中苗族服饰表现更为强烈。通常在用色上讲究"层层递进"，大色块中套小色系，小色系再分小色块，并以不同色相来区分。因此，苗族服饰中常见到这种情况：在一个丰富多彩的图案中，色彩是从很窄的面积开始延伸，延伸的同时纹样在变化，色彩也在变化，其中却是有规律可循的，如苗族上衣展开图（图1-2-6～图1-2-9）、百褶裙展开图（图1-2-10，图1-2-11），可看出色彩的层次感极为丰富，色彩的这种组合运用，将苗族服饰上各种图案的精彩内容表现得淋漓尽致。

图1-2-6　苗族传统服饰在用色上讲究层次感（一）

图1-2-7　苗族传统服饰在用色上讲究层次感（二）

图1-2-8　苗族传统服饰在用色上讲究层次感（三）

图1-2-9　苗族传统服饰在用色上讲究层次感（四）

图1-2-10　苗族传统服饰在用
色上讲究层次感（五）

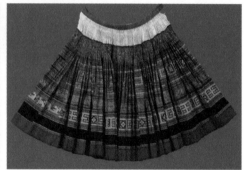

图1-2-11　苗族传统服饰在用
色上讲究层次感（六）

### 3.注重对比与调和

民族服饰在色彩的运用上，很多时候多采用色彩对比的方式来表现，这样的色彩给人一种明快、醒目、充满生气的效果。不同民族常用的服饰色彩对比方式还有很大不同，有的民族多运用色彩的色相对比，有的多运用色彩的面积对比，有的运用色彩的明度对比，而大多数民族服饰色彩对比差异非常大，效果自然很强烈，但注重以一定秩序来进行调和处理，使服饰色彩搭配不至于太过生硬，过分刺激，保持了鲜艳、活泼和生动的感觉。

以云南傈僳族服饰（图1-2-12）为例，傈僳族服饰从头到脚都用彩色刺绣花边装饰，色彩以鲜艳的大红、翠绿、天蓝、玫瑰红、橙黄等作为主要配色，色相对比强烈到震撼的视觉效果，仔细看所有的彩色图案都以黑色作为底色，起到了保持各色彩的色相对比鲜明的关系，又统一了色调气氛的效果，更显得傈僳族服饰雍容华贵、光艳夺目。民族服饰中，色彩色相对比强烈的民族服饰还很多，如瑶族服饰、藏族服饰、基诺族服饰、彝族服饰、苗族服饰（图1-2-13）等。

民族服饰中运用色彩的面积对比方式很多，比如蒙古族服饰（图1-2-14）、壮族服饰、白族服饰（图1-2-15）、侗族服饰、纳西族服饰（图1-2-16）等。这些民族服饰色彩不乏丰富多彩，但用色上注重色彩的面积关系，通常以大面积的色彩衬托出小面积色彩的鲜艳亮丽，或厚重醒目；大面积的用色注重色彩的单纯，小面积的色彩多采用多种色彩并置混合的方式，强调了色彩的对比效果，为取得色彩的和谐感，多在两种色块之间辅以黑色、白色或其他某一单纯的色彩，因此给人一种明快、持久和谐的感觉。

图1-2-12　色彩对比鲜明的傈僳族服饰

图1-2-13　色彩对比鲜明的苗族服饰

图1-2-14　蒙古族服饰

图1-2-15　白族服饰　　　　　　　　　图1-2-16　纳西族服饰

　　服饰色彩的明度对比是将不同明度的两色并列在一起，显得明的更明、暗的更暗。明度对比效果是由于同时对比错觉导致的，明度的差别有可能是一种颜色的明暗关系对比，也有可能是多种颜色的明暗关系对比。在民族服饰中，服饰色彩的明度对比给视觉带来了更加丰富的感受，通常，服饰色彩明度对比弱的，效果优雅、柔和；服饰色彩明度对比强的明快、强烈。水族服饰围裙色彩明度关系非常明显，显得层次感很强；藏族服饰的色彩明度关系非常明快，富有节奏感（图1-2-17）；哈尼族、拉祜族等民族服饰色彩对比强烈，以大面积深色取得平衡，显得古朴厚重（图1-2-18）。

图1-2-17　藏族服饰　　　　　　　　　图1-2-18　拉祜族服饰

## （二）丰富多样的图案美

民族服饰图案是文化的一种印记，是对民族精神和审美的显示。民族服饰图案是伴随中华民族的发展壮大而日趋完善起来的，虽然不同民族在表现风格、表现形式上多种多样，但它同时具有两个基本特征：一为具有装饰美化功能，通过装饰美化追求至善至美的本质；另一个特征为具有超强的想象力和创造性，满足人们征服困难的精神追求，体现对安定和谐、幸福生活的向往。从一定意义上讲，民族服饰图案在满足人们的精神需求同时，以一定的艺术形象传达了一个理想世界，这个理想世界非常丰富，具有深厚的内涵、至美的境界，具有强烈的民族特色。

以下分别从构图表现、形式表现、趣味表现、寓意表现来解析民族服饰图案之美。

### 1.饱满的构图表现

民族服饰图案产生于民间来自于生活，具有很深的根基，它蕴藏着不同民族普通老百姓对生活的亲身感受，虽然风格形式丰富多样，不受任何约束，具有很强的装饰美感，但无论采用何种表现方式都力求表现圆满、完整、完美，因此充满理想化的色彩，构图形象追求大、正、方、圆，看上去很饱满、富足，充分体现了以饱满齐全为美的观念。

图1-2-19 侗族服饰上的凤鸟纹，用方形构成鸟的头、胸和尾，四只鸟组合起来正适合外围的菱形，形象简洁又饱满

许多民族在服装前胸、后背、衣袖、围裙等处喜欢装饰图案，他们把每一块画面当成独立的空间，将各种植物纹样、动物纹样、几何纹样巧妙地组合在一起，形成各种复杂的图案，再采用对称、分割等形式手法将纹样布满画面，使对象都符合饱满完美的构图原则。其中，画面中注重夸大主体形象，主体形象的外围可以设计为圆形轮廓，以适合外轮廓边框，也可设计为方形、菱形等以设计相同的外轮廓边框；主体形象也可设计为紧贴边框，以其他面积更小的形象填充空白，如此这样饱满的构图方式使得主体更加突出，具有很强的视觉张力（图1-2-19～图1-2-23）。

图1-2-20 苗族服饰图案

图1-2-21 瑶族服饰上的太阳纹图案　　图1-2-22 苗族服饰上图案丰富饱满　　图1-2-23 羌族服饰围裙上的杜鹃花图案

2.完美的形式表现

民族服饰图案讲究形式美感，而众所周知我国民族服饰繁多，且特点鲜明，就是由于民族服饰既具有丰富的内容，又具备与其相适应的形式，内容与形式有机地结合才获得了理想的效果。这里单独强调一下所有形式都离不开内容的表现。失去内容的形式是枯燥无味的，美的体现本质是内容与形式的完美结合。

**（1）对称形式**

民族服饰图案中的对称形式是表现最多的一种，这种形式的特点是整齐一律，均匀划一，是等量等形的组合关系，给人形成一种端正、安宁、庄重、和谐的平稳感。其实这在所有装饰图案形式中表现较为普遍，因为大自然中可看到的对称事物很多，如植物的枝叶、花朵，蝴蝶、蜻蜓之类的昆虫翅膀，人和动物身体的结构等。民族服饰上对称形式的图案表现多严谨、规整、装饰味浓厚（图1-2-24～图1-2-30）。

图1-2-24　小花苗披肩对称图案（贵州毕节地区）　　图1-2-25　苗族服饰上的对称图案

图1-2-26　黄平苗族蜡染图案　　　　图1-2-27　瑶族挑花裙上的对龙图案

图1-2-28　黎锦中的　　图1-2-29　广西融水花瑶服饰上　　图1-2-30　蒙古族服饰
对称蛙纹图案　　　　蛙纹造型对称简练　　　　上的对称纹饰造型

**（2）对比形式**

民族服饰图案中对比形式也是较为常用的一种。通常是把两种不同形态、不同颜色、不同大小、不同方向的图案元素并置在一起，比如曲线与直线，大与小，明与暗，多与少，粗与细，暖与冷，软与硬，深与浅等，形成差异、个性，甚至强调各部分之间的区别，让图案的艺术感染力得以增强。这里需要强调一下对比形式的出现往往采用调和手法来达到既有对比又不失和谐美感，使得民族服饰图案有明朗、肯定、清晰的视觉效果（图1-2-31～图1-2-35）。

图1-2-31　色彩冷暖对比强烈的装饰图案
（贵州普定地区的苗族方形围裙）

图1-2-32　色彩对比强烈的装饰图案
（拉祜族服饰）

图1-2-34　土家族围裙上的图案
具有强烈的对比美

图1-2-33　三江侗族胸兜上的鸟纹图案，其中线条的曲折对比、色彩的冷暖对比、造型的粗细对比比较明显

图1-2-35　毛南族蝶纹图案具有
强烈的对比美

**（3）重复形式**

民族服饰图案中的重复形式是以相同或相似的形象进行重复排列，可以排列为有规律的重复，也可以排列为逐渐变化的重复。重复的形式并不陌生，在大自然中存在也是很普遍的，如春夏秋冬的交替而导致四季景色的交替变化，植物枝叶的重复排列，日出日落、潮来潮去等都是重复。民族服饰图案有规律的重复给人以稳健、整齐统一之感，逐渐变化的重复给人以疏密有致、有节奏韵律之感（图1-2-36～图1-2-39）。

图1-2-36 贺州瑶族花围腰
（广西百色右江民族博物馆藏）

图1-2-37 哈尼族挑花挎包上的回纹装饰

图1-2-38 瑶族花围腰

图1-2-39 土家族织锦图案

图1-2-40 黎族织锦上的大力神图案

**3.特定的趣味表现**

民族服饰图案注重情趣的表现，就是不考虑现实当中物象的比例结构、透视关系等方面的客观存在，大胆进行写意、夸张、变形处理，或者将自然形态简化为几何形态，有的表现可爱、稚拙，有的表现力量与气势，有的表现热闹、繁荣昌盛，有的表现生动简练，让人不得不惊叹少数民族人们的丰富想象力、奇妙的审美意识和富于创意的娴熟的表现技巧。当然，趣味的体现离不开其民族独特的审美习俗、观念信仰（图1-2-40～图1-2-43）。

图1-2-41　水族彩色蜡染衣上鱼纹，嘴部在中心形成花一样的图案，构图非常巧妙

图1-2-42　苗族服饰上的凤头龙纹

图1-2-43　侗族背带上以太阳为中心围绕八个小太阳的图案

图1-2-44 盘瑶女子织锦盖头上齿状的太阳图案,将太阳幻化为齿状多边形,装饰特点浓厚

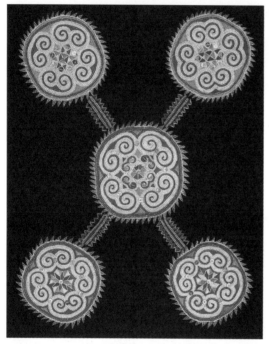

图1-2-45 三江侗族背带片上的月亮花和星宿纹,表现出秋高气爽时明月高悬夜空,宁静而恬美的意境

图1-2-46 海南苗族蜡染裙上的树纹,当地称这种图案为"楼花",是远古传承下来的纹样

### 4.吉祥的寓意表现

民族服饰图案寓意深厚,且大多是表现吉祥祝福和人们的愿望的,反映了各民族对生活的热爱和对美的追求。通常这类图案不论造型还是装饰方法都很有特色,既有深刻的含义又具很强的装饰功能,这也是民族服饰的价值之体现。

从图案纹样的内容来说,大多用大自然天地万物来表现吉祥祝福,如太阳纹、月亮纹、树纹、花纹等。很多民族的服饰上都用到这类纹样,太阳给人带来光明、温暖,象征能抵挡一切邪恶,是逢凶化吉的象征,被很多民族所崇拜,如苗族、瑶族、彝族、侗族等。民族服饰上的太阳图案往往大而鲜明,装饰也较为精致突出。月亮也是人们崇拜的对象,认为月亮是人们的避难之处,是可以依赖的神,因此表现在服饰上较为夸张,一件衣服上可以出现多个月亮图案。树纹、花纹在南方少数民族服饰中表现最为丰富,因为南方温润,树木、花朵品种多而繁盛。树是南方诸多少数民族的"生命树",希望自己的族群都能够如大树般具有旺盛的生命力,因此树木的纹样表现直立稳重,枝叶细腻精致,成排出现的又代表了勃勃生机。花纹大多寓意爱情的美好和家庭的和睦,各民族服饰上花朵图案的造型千姿百态,装饰手法上运用了传统的夸张变化等手法,以自然形象为基础,加以提炼和概括而成,从而在形式和内容上都达到了完美的统一(图1-2-44~图1-2-46)。

有的民族服饰也喜欢用人和动物的纹样来表达思想感情。人纹图案多种多样,有的形象夸张,有的概括简练,表现了人的勃勃生机和力量感,是人丁兴旺、战胜困难的象征。动物图案寓意明显,如鱼纹、蝴蝶纹、双凤纹等是体现人们对生育的美好祝愿,在服饰上表现形态美丽可爱;而虎、龙、鹰等是人们对信仰的崇拜,驱邪除病之象征,在服饰上的表现无论造型还是装饰方法都很有特色。

民族服饰中还有很多其他非具象的纹样形态，其表达方式也十分丰富，总的来说，各民族通过身着的服饰，用这些美丽的图案，在有限的天地中创造和表达出无限的精神世界（图1-2-47～图1-2-49）。

图1-2-47　瑶族背笓云纹，云纹两两相对，采用对称的形式，有祝福成双成对的含义

图1-2-48　壮族背带上的蝶花鸟鱼装饰图案，分别将不同的种类分置于花瓣中，构思巧妙，艺术地表达了一定的隐喻

图1-2-49　民间虎头鞋的绣花样，有保佑安宁、辟邪的寓意

## （三）精湛独特的工艺美

学服装艺术设计的人都知道，服饰艺术与其他艺术形态不同的是，民族服饰的材质和技术性很强，材质性和工艺性是构成服饰风格的重要因素。我国几乎所有的民族服饰都注重工艺性，如果没有工艺技术做基础，民族服饰艺术犹如无本之木、无源之水，不可能发展成今天这样丰富多彩、瑰丽诱人。"印染"、"刺绣"、"编织"等各项传统而古老的工艺长期在老百姓的生活中占据了重要的位置，我国传统观念中，女孩子自小就要学习服饰的各项传统工艺，人们把女孩子掌握传统技艺高低好坏当作评价其能力和美德的标准。如彝族民间有"不长树的山不算山，不会绣花的女子不算彝家女"的说法。在我

们今天来看,这些工艺看起来很简单,不需要大型机械设备,但其中却包含着丰富的生产经验和女性智慧,如印染讲究技艺的独特巧妙,刺绣讲究针法的精湛技巧和灵活多变的艺术特色,编织讲究纹样的编排和形式美感,而不同地区、不同民族的服饰工艺又始终保持着浓郁的民族特点和朴实的地方风格。因此,我们说,民族服饰之美也是工艺之美的显现。

归纳起来,民族服饰的工艺之美主要是通过朴素大方的印染、瑰丽多彩的刺绣、厚重斑斓的编织表现出来的。

1.朴素大方的印染

民族服饰印染工艺简便、精巧,可以在手工生产方式的条件下,将白坯布加工成朴素大方、牢固耐用的画布。民间印染工艺种类很多,民族服饰上运用较多的工艺有蜡染、扎染、印花布等。每种工艺都有其独特的处理方式,也形成其独特的装饰风格。如蜡染是以蜡作防染原料,用天然蓝草加石灰作染料,经过点蜡、染色、脱蜡的工艺流程,使其呈现出蓝白分明的花纹。由于蜡染工艺在操作过程中容易产生裂纹,染液会顺着裂纹渗入织物纤维,形成自然的冰裂纹,这是人工难以描绘的自然龟裂痕迹,称为冰纹,每一块染出的图案即使相同而冰纹各异,自然天趣,具有其他印染方法所不能替代的肌理效果。我国南方部分少数民族喜爱蜡染,苗族蜡染非常细腻、饱满,图案精致绝伦,堪称民族艺术精品(图1-2-50~图1-2-57)。

图1-2-50 精致的苗族蜡染裙布

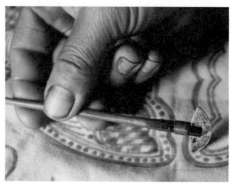

图1-2-51 点蜡是蜡染的重要环节,通常采用蜡刀(铜片合成斧形)点绘

图1-2-52 苗族姑娘身着工艺精湛的蜡染裙

图1-2-53 四川叙永两河蜡染裙布上
冰纹自然天趣

图1-2-54 贵州筠连苗族蜡染图案古朴厚重

图1-2-55 贵州重安江背儿带上
蜡染图案十分精美

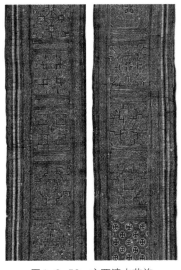

图1-2-56 广西清水苗族
女子蜡染裙展开图

图1-2-57 苗族蜡染围裙

第一部分 解读·民族服饰与时尚服装设计　　023

再谈扎染工艺，扎染原理很简单，但要染出好的效果，经验和技巧很重要，简单地说是用针线捆扎紧后再投入染缸浸染，重点还是扎染的方法，扎染方法千变万化，扎法各有讲究，这是扎染服饰呈现出颜色深浅、图案生动的主要原因。我国南方许多少数民族喜好扎染，如白族、苗族、布依族等，特别是白族，大理白族的扎染几乎代表了我国现在的扎染艺术和技术水平，扎染图案讲究构图和布局，相比其他民族，白族扎染最为精致、生动（图1-2-58～图1-2-61）。

图1-2-58　用针线捆扎紧的工艺

图1-2-59　民族传统扎染中常用到的蝴蝶造型

图1-2-60　白族扎染常见到的传统蝶纹

图1-2-61　白族扎染中常出现的花蝶福字纹样

再来看看印花布，印花布又分为蓝印花布和彩印花布，二者都有异曲同工之处，都是用雕花版做防染媒介。这项工艺的精髓在于事先要在木版或皮版上刻出预先设计好的图案，雕刻图案和印图案都要求具备熟练的工艺，图案注重形式美感和寓意。蓝印花布清新明快、淳朴素雅，具有独特的民族风格和乡土气息；彩印花布色调鲜艳明亮，装饰味浓厚（图1-2-62～图1-2-70）。

2.瑰丽多彩的刺绣

刺绣是用彩色丝、绒、棉线，在绸、缎、布帛等物质材料上借助针的运行穿刺，从而构成纹样的一种工艺。刺绣在民族服饰中是主要的装饰手法，在我国已有着悠久的历史，具出土文物中发现，战国到秦汉时期的刺绣已经相当丰富，到清代发展到鼎盛时期，如今的民族刺绣品种繁多，针法丰富，分布广泛，刺绣的技艺也更臻完美。刺绣艺术在少数民族服饰中应用十分广泛，许多女子花费多年时间一针一线地刺绣，只为了制作出一套精美的盛装服饰作为嫁衣。

图1-2-62 蓝印花布皮料印花版（一）

图1-2-63 蓝印花布皮料印花版（二）

图1-2-64 民间蓝印花包袱布

图1-2-65 民间"凤穿牡丹"蓝印花布

图1-2-66 传统蓝印花被面

图1-2-67 传统彩印花工艺——刷色

图1-2-68 羊皮雕刻的小印花版

图1-2-69　民间彩印花布

图1-2-70　鱼戏莲彩印花布

　　我国少数民族中，苗族、彝族、侗族、瑶族等民族服饰刺绣图案密集丰富，工艺手法精湛，视觉冲击力之强，比其他民族过之而无不及。其中，苗族刺绣传统针法最为全面，并善于创造新的针法，可以用传统的平绣针法创造出极为细腻精致的图案；还可以将平绣发展成破线绣，即在绣面上绣一针破一针，具体来讲就是把一根丝线从中间破开，这样绣出的图案更为精湛细腻，平整光洁发亮，令人惊叹不已；苗族还擅长用绉绣、辫绣等针法创造出浮雕感的、粗犷厚重的装饰效果，绉绣、辫绣的工艺注重将绣线在绣面上处理得有一定厚度，因此这种刺绣工艺立体感和肌理感很强，既经久耐用，又有一种特殊的质地美，充满强烈的个性特色。由于平绣是各种绣法的基础，在民族服饰中分布最广、使用范围最大，在服饰上大量出现。羌族的服饰装饰几乎离不开刺绣，刺绣工艺以平绣为主，部分裙边、腰带部分结合锁绣和十字绣，显得图案结构紧密、主体突出，色彩厚重丰富。彝族也是热爱刺绣的民族，云南的彝族姑娘爱美，每年举办赛衣节，其服饰绚丽夺目、光彩照人，离不开丰富的刺绣装饰。总之，瑰丽多彩的刺绣给民族服饰增添了无穷的魅力（图1-2-71～图1-2-78）。

图1-2-71　民间刺绣的剪纸底样

图1-2-72　平绣纹样有一定的厚度，
呈现微微的浮雕状

图1-2-73　苗族围裙上的平绣纹样

图1-2-75　苗族绉绣工艺绣出的图案具有
浮雕效果，肌理感很强，风格古朴厚重

图1-2-74　贵州施洞地区苗族妇女擅长破线绣工
艺，即将一根丝线破成多根丝线进行刺绣

图1-2-76　精致细腻的苗族挑花工艺

图1-2-77　精美的侗族刺绣花围腰　　　　　　图1-2-78　布局饱满严谨的羌族挑花

### 3.厚重斑斓的编织

民族服饰上的编织包括"编"和"织"，编有"编结"，又包括了编盘扣和编花结；织有"织花"，又包括了织锦和织花带。这些都特指我国民族服饰品制作的织造工艺，通常采用自制的棉线、丝线进行手工编织。

编结在这里专指两项传统手工艺：盘扣和花结，二者都是传统民族服饰中常用的一种装饰工艺，并以精巧而意味深长的装饰风格而享誉中外。盘扣常用在民族服装的衣领、门襟、衣袖处，常用的材料有绸缎、棉绳、毛料等。盘扣的工艺程序并不复杂，但是讲究工艺的精致、排列组合和创意。盘扣的表现形式多种多样，有蝴蝶扣、鱼尾扣、菊花扣、蜻蜓扣、一字扣，每种类型不仅形态优美，还注重寓意表达。盘扣在服饰上大多按一定方向一定距离成对排列，美观大方，富于节奏感，装饰效果强，具有典型的中国特色（图1-2-79～图1-2-85）。

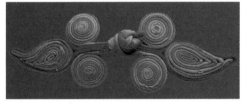

图1-2-79　传统盘扣形式——叶子形盘扣　　　　图1-2-80　传统盘扣形式——葫芦形盘扣

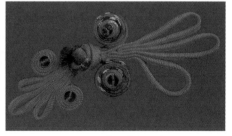

图1-2-81　传统盘扣形式——石榴形盘扣　　　　图1-2-82　传统盘扣形式——
　　　　　　　　　　　　　　　　　　　　　　　　　　　　不对称形盘扣

图1-2-83 传统盘扣形式——蝴蝶形盘扣

图1-2-84 传统盘扣形式——喜字形盘扣

图1-2-85 传统盘扣形式——寿字形盘扣

　　花结是将一定粗细的绳带，结成结，用于衣物的装饰。花结在我国已有悠久的历史，传统服饰中的腰饰、佩饰都离不开结。结体现了中国传统装饰工艺的智慧和技巧，其花样变化可以说是无穷无尽的。花结常用的材料有丝绳、棉绳、尼龙绳等，有剪刀、镊子、珠针等辅助工具。花结的技艺是熟能生巧的过程，因为花结的形式变化多样，有的看似相当复杂，但只要掌握其基本的编结规律，就能举一反三，但民族服饰的花结之美依然离不开人们无穷的创造力和想象力（图1-2-86～图1-2-98）。

图1-2-86 编花结常用的材料和工具

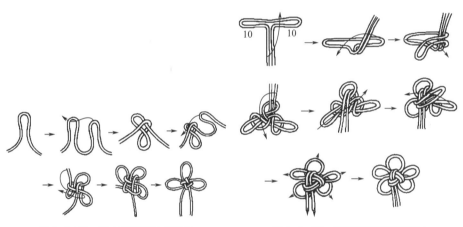

图1-2-87 编小草花结的步骤图　　　　　图1-2-88 编梅花花结的步骤图

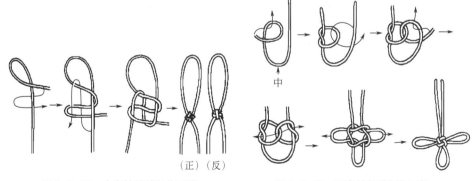

　　　　　　　　　　　（正）（反）

图1-2-89 十字结基础制作工艺　　　　　图1-2-90 万字结基础制作工艺

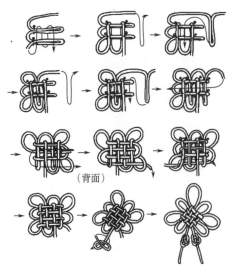

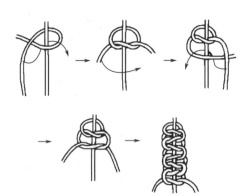

（背面）

图1-2-91　盘长结基础制作工艺　　　　　图1-2-92　平结基础制作工艺

图1-2-93　传统编结样式一　　　　　图1-2-94　传统编结样式二

图1-2-95　传统盘长结造型一　　　　　图1-2-96　传统盘长结造型二

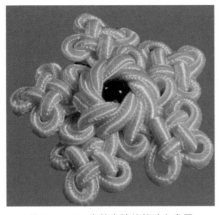

图1-2-97　在基本结的基础上发展
变化的花结（一）

图1-2-98　在基本结的基础上发展
变化的花结（二）

　　织花是一种传统编织工艺，包括织锦和织花带两类。传统的织锦是直接在木质织锦机上用竹片拨数纱线，穿梭编织成纹样，以彩色经纬线的隐露，来构成奇妙的图案。操作时，数纱严密，不能出任何差错，制一匹锦耗费时间很长，是一门较为复杂高超的传统民族手工艺。我国土家族织锦、侗族织锦、瑶族织锦、高山族织锦、黎族织锦、壮族织锦都很有特色，均以古朴、大方、绚丽而闻名中外，其中土家锦尤其精美，土家锦结构紧密、工艺繁复、图案丰富繁多，织纹讲究规范的形式。壮锦历史悠久，织法有自己的民族个性，壮锦是用丝绒和棉线采用通经断纬的方法，巧妙交织，织物的正反两面纹样对称，底组织被完全覆盖，织物厚度增强，使得壮锦结实厚重抗磨。其他如瑶锦、侗锦也很有特色，瑶锦工艺精美，至今仍是瑶族姑娘的定情物和主要嫁妆；侗锦纹样多，但注重整体色调，从色调上分为素锦和彩锦，素锦虽仅为两色细纱线织成，但层次感极丰富，显得朴实大气（图1-2-99～图1-2-104）。

图1-2-99　侗族素锦儿童围兜

图1-2-100　身着织锦装饰的苗族姑娘

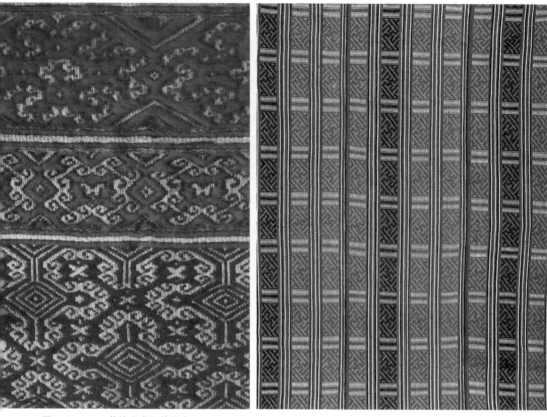

图1-2-101　苗族衣背织锦图案　　　　　　图1-2-102　万字纹八宝被瑶族织锦

图1-2-103　燕子花土家族织锦　　　　　　图1-2-104　玫瑰红底蓝凤壮族织锦

　　织花带可以说是遍及我国诸多少数民族的一项传统手工艺，这项工艺只需要在一个凳子大小的编织机上完成，织出的花带用于腰带、背裙带、绑腿、背儿带等，长的可达几米。少数民族的织花带很精美，纹样在细细窄窄的空间安排有序，并注重主要纹样和次要纹样的安排，搭配在服装上，丰富了整套服饰的整体效果（图1-2-105～图1-2-110）。

图1-2-105　民间编织机

图1-2-106　正在织花带的湘西苗族姑娘（一）

图1-2-107　织花带的编织机

图1-2-108　正在织花带的湘西苗族姑娘（二）

图1-2-109　各种织花带

图1-2-110　瑶族织花带

# （四）天然朴素的材料美

材料是民族服饰的重要组成元素，在服装设计中材料是四大设计要素之一，离开材料就不存在服装，材料（面料）质地的选择会影响到最终设计效果，离开材料的服装设计只能是纸上谈兵。

民族服饰中用到的材料大多为天然材质，也就是原材料都取自大自然，并且通过人们亲自播种、纺纱、纺线、织布、印染、编织、刺绣等手工来完成。民族服饰之所以如此丰富多彩，除了色彩的选择，工艺的精湛，还离不开材料的选择和表面处理，我们决不能忽略材料的手感、质地、颜色、图案对服装的影响，同时，各个民族对材料的选择和处理还融进了本民族独特的文化气质和审美情趣，很多服饰材料不仅丰富了本民族服饰艺术的内容，还从另一个角度传达和陈述着这个民族的观念、历史和现实。

民族服饰材料繁多，常见的主要有棉质材料、麻质材料、银质材料以及其他材料。

## 1.棉质材料

民族服饰衣料大多用棉质材料制作，棉质材料包括棉布、锦。这里主要说棉布，棉布是家庭手工业产品，一匹布的完成要经历播种、耕耘、拣棉、夹籽、轧花、弹花、纺纱、织布、染布等过程。过去民间几乎家家户户都有纺织工具，至今很多偏僻的地区还保留纺纱织布的传统手工艺。棉布根据表面花样纹理效果的不同而称谓不同，即平纹布、花纹布。平纹布是指经纬交织的织品，通常称为坯布。人们将原色的坯布或花纹布经过印染、扎染、织绣等处理后，再经过裁剪、装饰，最后缝制成了各种各样的漂亮衣裳。这种从棉花的播种到收获，从面料的纺织到印染、刺绣装饰等全手工制作完成的服饰，具有一种原始、淳朴的美，这是现代大工业化生产的面料无法替代的（图1-2-111～图1-2-113）。

图1-2-111　云南西双版纳基诺族织花女棉服
（上海民族服饰博物馆内藏）

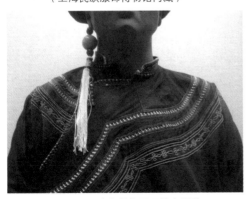

图1-2-112　凉山彝族男子棉布服装
（上海民族服饰博物馆内藏）

图1-2-113　苗族棉布织花盛装（贵州黔东南卡寨）

其中值得一提的是侗族、苗族服饰所采用的主要棉布：亮布。亮布是一种青紫色或金红色的衣料，因表面呈现似金属发光一样的色泽，被当地人称为"亮布"。亮布的制作工艺特殊，工序也极其复杂。通常是织好坯布后进行染布，染布的温度、染料、配料都很有讲究，染好后晾干再漂洗，再染再洗，一天染洗三次，连染两天后，在另外两种不同染液里分别反复染三次，晾干后加鸡蛋清锤打，然后再染再反复锤打。染好一匹布要半个月到一个月时间，最后染好的布有很强的硬挺度，颜色沉着又不失光彩，有着不同于常见面料的艺术风格，给做出的服装增添了一份特殊的魅力。亮布被苗族、侗族作为盛装主要材料，同时也是送礼达意的佳品，亲戚朋友结婚，送一匹亮布，给亲友做衣裳、做床单，因为是自己亲手所织，显得特别珍贵（图1-2-114～图1-2-120）。

图1-2-114　侗族的染布工艺

图1-2-115　捶布

图1-2-116　漂洗

图1-2-117 染好的布有很强的硬挺度，颜色沉着又不失光彩，有着不同于常见面料的艺术风格

图1-2-118 亮布制作的苗族服饰（贵州郎洞）

图1-2-119 亮布制作的侗族服饰（贵州增冲侗寨）

图1-2-120 亮布制作的苗族服饰（贵州黄平老马寨）

## 2.麻质材料

麻，是一种天然纺织原料，麻在我国的种植历史也很久远，民间麻的纺织也达到了很高的水平，因其纤维具有其他纤维难以比拟的优势：凉爽、挺括、质地轻、透气、防虫防霉等特点，常被织成各种细麻布、粗麻布，是民族服饰中常常用到的一种材料。麻也可与棉、毛、丝或化纤混纺，织物不易污染，色调柔和大方、粗犷，透气。在国际市场上，麻混纺织品享有独特的地位，在日本，麻纺织品比棉纺织品价格高好几倍，在欧美国家，麻制品衣料是高档商品。我国各民族也喜欢用各种麻布做衣服，麻线做缝纫线，麻绳纳鞋底。如我国川滇大小凉山地区的彝族人喜欢穿"查尔瓦"，查尔瓦是用麻辅以羊毛织成的宽大披风（图1-2-121），保暖又透气，它的用途很广泛，当地有"昼为衣、雨为蓑、夜为被"的说法。彝族人一生都离不开这件查尔瓦，男子穿上下端有穗的查尔瓦，将它的上端系在肩上颈间，前面敞开，显得威武雄壮，具有一种彪悍豪迈之气。四川阿坝州的羌族人居住在地势较高的山顶或半山腰处，交通不便、环境恶劣，但羌族人都很勤劳，过着自耕自足的生活，身着服饰从上到下均为手工完成，当地人做布鞋多用到麻绳，用麻绳纳鞋底既美观又结实耐用，穿着舒适方便。羌族男子常年穿麻布长衫，长衫多保留了柔和的麻布原色，穿着时只在腰间系一条颜色鲜艳的红腰带，搭配一件皮坎肩，质朴中透露着羌族人粗犷豪迈的性格（图1-2-122、图1-2-123）。

细麻布中，夏布是很有特色的一种麻布，它是以苎麻为原料编织而成的，因常用于夏季衣着，被俗称为夏布。夏布有"天然纤维之王"的美称（图1-2-124），穿着夏布做成的服饰，能感受到布纹细腻而纹理清晰，非常典雅透气。现在夏布传统手工技艺已被列入我国的非物质文化遗产保护名录。

## 3.银质材料

银是一种金属，由于其本身具有一种柔和美丽的银白色和光泽感，质地柔软，容易打造出各种精细的形态，常被用在民族服饰上做装饰。银饰在民族服饰中用得最为繁多的是贵州黔东南地区的苗族。当地苗族女子盛装大量用到银饰。每逢婚嫁或重大节日，盛装的女子头戴银帽、银冠、银簪，脖子高高堆积几层银项圈，衣服上缀满银片。当地人认为，银饰不仅是可辟邪的神物，更可给人带来吉祥幸福，也是富贵的象征，穿戴越多越能给人自信和满足感。在婚嫁、节日期间，苗族姑娘们穿上光灿夺目的银饰服装，银饰与鲜艳的刺绣搭配起来，色彩对比明快、强烈，更显苗族姑娘的纯朴热情（图1-2-125～图1-2-130）。

图1-2-121　彝族男子的披风（麻辅以羊毛织成）

图1-2-122 羌族男子常年穿麻布长衫，长衫
多保留了柔和的麻布原色，穿着时只在腰间系
一条颜色鲜艳的红腰带（图为羌族小兄妹俩）

图1-2-123 羌族男子的麻布长衫搭配一件
皮坎肩，质朴中透露着羌族人粗犷豪迈的性格

图1-2-124 有"天然纤维之王"美称的夏布

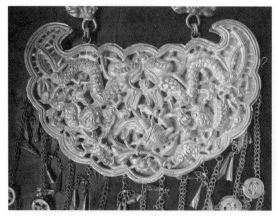

图1-2-125 苗族银锁

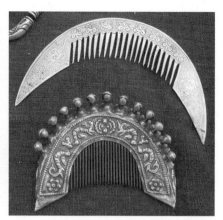

图1-2-126 苗族银梳

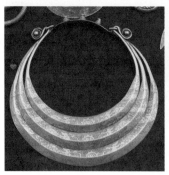

图1-2-127 苗族银项圈

图1-2-128 苗族银簪

图1-2-129 贵州施洞苗族银衣牌

图1-2-130 苗族姑娘的节日盛装有多种银饰

侗族人也喜爱银饰，而且以其多而精致为着装美的最高追求。侗族姑娘的节日盛装有数十种饰品，包括银花、银帽、银项圈、银胸饰。这些银饰既讲究工艺上的一丝不苟，又寄予吉祥的意愿（图1-2-131，图1-2-132）。侗族妇女生育后，娘家送给外孙的银饰件有银帽子、银锁、银项圈和银手链等，上面刻满吉祥图案代表祝福。

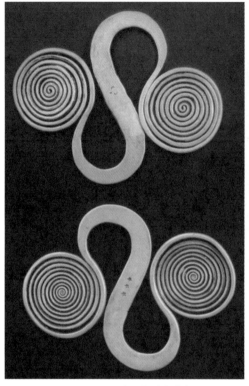

图1-2-131　宰牙侗族银背扣　　　　　　图1-2-132　侗族姑娘的节日盛装有多种银饰

　　居住在海南岛的黎族也是银饰满身，头上戴银钗，胸前挂银铃铛，颈脖戴银项圈，腰上挂银牌和银链，脚上系银环，还有衣服下摆也缀有排列整齐的银饰（图1-2-133）。

图1-2-133　黎族姑娘头发上有多种银饰

景颇族女子服装也饰满银饰，过节时，她们前胸挂满各种银饰，有银项链、银项圈，从远处走来，不仅银光闪烁，同时铿锵作响，银饰配上景颇族女子常穿的大红色筒裙和头箍，红、黑、白三色交相辉映，具有强烈的对比效果。其他还有很多少数民族都喜爱佩戴银饰，如藏族（图1-2-134）、水族、满族（图1-2-135）、蒙古族等。

图1-2-134　藏族"嘎乌"，是西藏人供奉佛像
圣物并佩戴在身上的银饰盒

图1-2-135　满族银簪

图1-2-136　西藏察隅地区珞巴族人的
毛织服装（上海民族服饰博物馆内藏）

**4.其他材料**

民族服饰中除了用到上述的棉质、麻质、银质等材料外，还用到了很多其他材料，如绸缎、动物皮草、羽毛、流苏等。绸缎质地柔软，富有光泽感，通常用作服装刺绣底布。北方民族和地处高寒山区民族多用动物皮草，用动物皮、毛制作的服饰通常给人原始粗犷之感。如珞巴族人的毛织服装很有特点，保暖实用（图1-2-136）。鄂伦春族人长年穿着厚重的袍服，袍服多用狍皮制成，妇女们对兽皮加工有着特殊的技能，经她们手工加工过的狍皮柔软又结实，缝制用狍筋，坚韧牢固，再按照美的形式规律在狍面上缝制出线迹羽，呈现出一种古朴、粗犷、稚拙的审美特征（图1-2-137）。赫哲族人世世代代生活在松花江、黑龙江和乌苏里江沿岸，渔猎是他们主要谋生手段，渔猎生活给赫哲族人的服饰打上了特别的印记，赫哲族人早年穿的服装，主要原料是鱼兽皮，黑龙江下游的赫哲族人多以鱼皮做衣服，这种鱼皮服极有特色，鱼皮服具有耐磨、轻便、不透水和不挂霜的特点（图1-2-138～图1-2-141）。在黑龙江哈尔滨博物馆内，保存有一套20世纪30年代赫哲族妇女的服饰，整套服装色彩协调，做工精美，帽子式样分两部分，上部分是圆顶瓜形

帽，顶端用兽尾做装饰，帽下部分呈披风状，用以防风寒，帽子及衣服领口、托肩、袖口、裤脚都有染过色的鱼皮剪成的花样和丝线绣的边饰，看起来十分精致美观。

图1-2-137　鄂伦春族人的皮袍是用狍筋手工缝制，线迹清晰、坚韧牢固呈现出古朴、粗犷、稚拙的审美特征（上海民族服饰博物馆内藏）

图1-2-138　赫哲族人的鱼皮衣服
（上海民族服饰博物馆内藏）

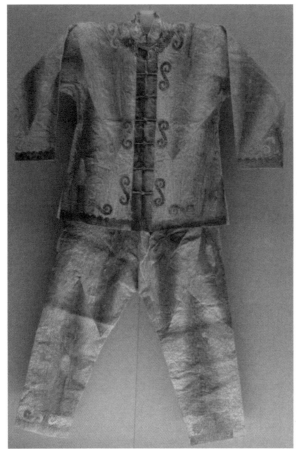

图1-2-139　赫哲族人的鱼皮衣裤
（上海民族服饰博物馆内藏）

图1-2-140　赫哲族人的鱼皮衣服袖口处细节放大，鱼皮的纹理清晰可见

图1-2-141　赫哲族人的鱼皮衣领部分细节放大效果

　　羽毛主要用于装饰服装，比如头饰、裙摆边饰，具有一种独特的美。如羌族在过年过节举行盛大仪式时，男人头戴的头饰要插上长长的野鸡毛，越长越直的认为越美。贵

州黔东南地区有一支苗族喜欢穿长裙，人称长裙苗，女子头戴高高的银角，银角两端饰有白色的羽毛，还有所穿的裙子下摆也喜欢装饰白色的羽毛，当走起路或跳起舞时，羽毛便随裙摆摇动，远远看去有一种自然灵动之美（图1-2-142）。

图1-2-142　装饰白色羽毛的苗族盛装裙平面展开图（贵州）

民族服饰材料极其丰富，其实不管用到哪种材料，材料的质地会影响到服饰的整体效果，而材质的表面处理更是影响服饰最终效果的关键因素，特别是刺绣、印染、编织和装饰，改变了服饰外观的纹理效果，加上民族文化观念的因素，使得民族服饰变得更加有趣而富有内涵（图1-2-143～图1-2-148）。

图1-2-143　平金绣花卉纹黑绒坎肩
（上海民族服饰博物馆内藏）

图1-2-144　新疆喀什维吾尔族毛织衣帽
（上海民族服饰博物馆内藏）

图1-2-145　贵州松桃土家族绣花鸟纹女服
（上海民族服饰博物馆内藏）

图1-2-146　满族妆花纱蟒袍
（上海民族服饰博物馆内藏）

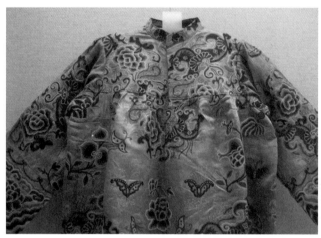

图1-2-147　维吾尔族绣花绿缎连衣裙
（上海民族服饰博物馆内藏）

图1-2-148　云南彝族绣花女服
（上海民族服饰博物馆内藏）

## （五）个性张扬的造型美

造型是服装存在的条件之一，民族服饰的造型包括整体造型和局部造型，所谓整体造型，即是指从头到脚所有服装和配饰的组合效果，局部造型是指服饰的具体部件的变化。整体造型对形成服装风格特色起着至关重要的作用，局部造型是服装款式变化的关键。

我国民族服饰从总体造型特征来说是"北袍南裙"，也就是北方民族服饰以袍式为主，南方民族以裙式为主。北袍中的蒙古袍是很有特点的，它的基本造型是立领右衽，镶边长袖，袍身大而肥，下摆长至脚背，风格淳朴雄浑。满族妇女穿的袍是宽大的直筒长袍，袖口平而大，称为"旗袍"；维吾尔族的长袍称为"袷袢"，长度齐膝，对襟直斜领，无纽扣，腰间系一条花色方巾；赫哲族人的长袍是以鱼皮作面料，风格浑厚自然，粗犷遒劲，成为北袍中一种很有民族特色的服装。

南裙是西南、中南和东南地区少数民族女子的主要服装，长裙通常很有特色，除了裙身较长外，就是有很多打褶，多者可称为"白褶裙"。彝族、部分苗族、普米族、纳西族、傈僳族等都穿长裙，其中彝族的长裙呈塔状，越往下向周围散得越开，舞蹈时候转动身姿犹如一朵盛开的花朵；普米族的百褶裙轻盈飘逸，配上立领右衽短上衣，显得端庄典雅；部分苗族女子的百褶裙皱褶非常多而厚重，配上精美刺绣的上衣，独具风韵。有的民族以短裙为美，黔东南雷山地区苗族女子有一支"短裙苗"，裙身只有18厘米长，但多达几十层，穿在身上裙边向外高高翘起，层层叠叠，像倒垂的盛开的花儿，很是可爱。

　　当然，也有些民族例外，有的民族始祖从北方迁往南方，现在虽然在南方生活，但保留了北方的长袍式造型，如羌族、彝族等民族。但不管南方民族还是北方民族，上衣下裳（或裤）是服装最基本的结构造型，整体结构的穿着方式以及局部变化都是围绕着上衣下裳的基本结构展开的。在这类基本结构中，由于点、线、面的不同移位，形成多种款式造型，如同样是上衣，可以分类为对襟衣、斜襟衣、大襟衣、贯首衣等种类。同样是下裳（或裙），可以分类为筒裙、长裙、超短裙、百褶裙、飘带裙等种类。而每一种类又因局部结构的变化，色彩、图案、面料的运用不同，装饰的部位不同，工艺的手段不同而形成了不同的外观造型效果。加之上衣下裳（或裤）的不同搭配，也可形成不同的整体造型结构，也形成了我们今天所看到的千姿百态的服饰面貌（图1-2-149～图1-2-161）。

图1-2-149　满族服饰平面展开手绘图

图1-2-150　满族服饰造型
（上海民族服饰博物馆内拍摄）

图1-2-151　满族坎肩服饰造型平面展开手绘图

图1-2-152　藏族服饰造型（西藏）

图1-2-153 苗族服饰造型（贵州）　　　图1-2-154 彝族男子服饰造型
　　　　　　　　　　　　　　　　　　　　　　　（四川凉山）

图1-2-156 壮族女子服饰造型（广西）

图1-2-155 彝族女子服饰造型
（四川凉山地区）

图1-2-157 苗族上衣造型（贵州）　　图1-2-158 苗族服饰造型（一）（贵州）

图1-2-159　苗族盛装服饰造型（贵州）

图1-2-161　苗族服饰造型（二）（贵州）

图1-2-160　苗族盛装上衣造型（贵州）

　　各民族服饰不管整体造型和局部造型，其表现大都极具个性。对服饰造型美的追求是各民族人民实用需求结合当地文化观念、宗教信仰、风俗习惯等因素而形成，其造型淋漓尽致地展现了个性美，既虚幻又真实，既古朴又张扬，总之，民族服饰的造型主要通过自然物象的造型和意象的造型展现出来。

　　1.自然物象的造型

　　自然物象和民族的图腾崇拜是相关联的，图腾崇拜是人类文化史上一种古老的、普遍的文化现象，有些民族把自然之物尊为祖先，或视为不可侵犯的灵物。服饰与图腾崇拜有着密切的关系，人们在婚嫁过节或举行巫术活动的时候，热烈的歌舞要打动人心，要引起众人的虔诚膜拜，就离不开服饰的装扮表现，盛装服饰成为一种媒介，集中了民族服装最出色的部分，随着时间的推移，演变成为今天看到的奇特的服饰造型。

黔西南布依族崇奉牛图腾，当地女子头上包裹着两只尖角往左右延伸的头巾，有青底花格的，有紫青色的，也有白色的，形状恰似两只水牛角，称为"牛角帕"，让人远远看去，十分挺拔。夸张的牛角形象在苗族服饰中也普遍存在，苗族图腾中的神兽叫"修狃"，其实"修狃"就是神牛，造型如同水牛。每逢过年过节，苗族姑娘要盛装打扮自己，要用一小时左右的时间梳头、穿衣，她们身穿银饰和刺绣装饰的斜襟或对襟衣、百褶裙，头戴高高的大银角，这种银角呈半圆形，上小下大，高约80厘米，两角距离宽约80厘米，角尖还用白色羽毛装饰，银角面雕刻有龙、蝶、鸟、鱼、花卉等纹样。这样精致的大银角插在发髻上，奇美壮观，十分引人注目，再搭配一身色彩艳丽斑驳、银光闪烁的银衣，光灿夺目，令人惊叹（图1-2-162，图1-2-163）。

图1-2-162　苗族盛装银衣造型（贵州施洞地区）

图1-2-163　苗族盛装银衣造型（贵州凯里廊德上寨）

福建、浙江一带的畲族也崇尚牛图腾，畲族女子出嫁时，把头发束起高高地堆在头顶，结成发髻，罩上一顶圆锥形布帽，形状像半截牛角，称"牛角帽"，牛角帽的顶端和周围还装饰了银饰，直垂到眼前，形成一个颇有个性特色的造型（图1-2-164）。

云南纳西族人穿羊皮七星披肩（图1-2-165），有着蛙图腾崇拜的遗迹之说。据纳西族《东巴经》里的故事和当地人传说，古时纳西族就崇拜青蛙，天神赐予人间生灵智慧水，被人偷喝光了，百鸟千兽就攻击人类，青蛙站出来说智慧水不是被人喝光的，是倒进河里了，说完装着去喝水的样子跳进河里，引开了百鸟千兽，搭救了人类。纳西族先民把青蛙看作仅次于人类的智慧生灵，不准伤害蛙类，并穿着蛙状羊皮披肩，粗犷

图1-2-164　畲族的"牛角帽"造型（福建）

大气，以此寄托对蛙的崇敬感激之情（图1-2-166）。

图1-2-165　有着蛙图腾崇拜的
遗迹之说的羊皮七星披肩

图1-2-166　穿着蛙状羊皮披肩的纳西族人

有的民族因对鸟类无比崇敬，服饰造型会有飞鸟的痕迹。如景颇族人有飞鸟崇拜，每年农历正月中旬后要过"目脑节"，目脑节的盛会上要纵歌舞蹈，每队有四名男子领队，这四名男子头上均戴犀鸟嘴状的头饰，并插有孔雀的羽毛，舞蹈的时候，头顶的羽毛随节奏挥舞摆动，十分醒目，为节日平添一份欢快。维吾尔族崇尚鹰图腾，他们的帽子因其前后两头颇似鹰嘴，俗称鹰嘴帽，具有明显的个性特色。

2.意象的造型

意象造型是精神思想的反映，民族服饰的意象造型通常跟历史传说和民俗观念息息相关。如贵州的革家人，传说自己的祖先曾经当过朝廷的武官，因为战绩卓著，受到皇帝的嘉奖，被赐得一身战袍，武官无儿子，死前把战袍传给女儿穿，为了让后代记住皇帝的恩赐和家族的荣耀，世代相传，后来，女儿们按战袍的样式改做出了铠甲式的披肩，以示纪念祖先的战绩和历史。因此，后来的革家人不论男女，个个都会一点工夫，姑娘

们都身着像古代武士一样的"戎装"，她们头戴红色的圆形帽子，帽檐在脑后高高翘起，显得英武又略带俏皮，上身穿长袖蜡染绣花衣，戴蜡染围裙，披黑色披肩，而服饰的视觉重点就在披肩上，这是一件从前胸一直披到后背腰以下的披肩，中间的方孔就是头部穿进的位置，肩部的肩线如同军服肩牌一样平直，背后看披肩造型犹如一个加粗了笔画的英语字母"T"。这样的打扮有些像古代的武士造型，给人的感觉是妩媚但不失英武，艳丽而又端庄（图1-2-167～图1-2-169）。

图1-2-167　革家人姑娘们都身着像古代武士一样的"戎装"，她们头戴红色的圆形帽子，帽檐在脑后高高翘起，显得英武又略带俏皮

图1-2-168　革家披肩的平面展开造型，中间的方孔就是头部穿进的位置

图1-2-169　戴红缨帽的革家姑娘

云南西双版纳地区盛产孔雀，孔雀作为一种图案纹样出现在服饰中，它的造型也深深影响了傣族的舞蹈服饰，傣族姑娘舞蹈时穿的孔雀裙非常形象，裙身上半部分紧小，保留了傣族传统服饰上身紧贴身体的特点，裙摆部分向下展开，犹如孔雀的羽毛，舞动时，展开的裙摆犹如孔雀展翅，恰如其分地展现了傣族人对孔雀的热爱之情。彝族认为鹰是吉祥鸟，男子服饰造型宽大，穿在身上显得庄严威武，其中鹰一样的服饰披肩造型是勇敢、坚定的象征，常常用来比喻人的英勇顽强。有的学者认为，彝族男子服饰的全身整体造型就像一只鹰，头上裹扎的"英雄结"是鹰嘴，身上披的"查尔瓦"是鹰的羽毛，往岩石上一蹲，就像一头昂首挺胸的山鹰。此说虽为推测，但也不失为一种见解，可以作为对民族服饰造型美的理解的参照。

　　还有蒙古族妇女头上戴的罟罟冠，造型细长，冠身用天然柳木、竹木、织锦、彩缎等制作，点缀了各种珠宝，长度约35厘米，戴在头顶显得女子个头更加高大，远远就能看到，非常引人注目。这种帽式在元代贵族妇女中盛行，冠身的高大被寓意为离天近，当时只有已婚的贵族妇女和宫廷帝后才能佩戴，表示已婚并显示一种独有的尊贵。罟罟冠现在已不在民间盛行，但会出现在蒙古族历史服饰展演的舞台上，蒙古族服饰改良设计中也经常可见到罟罟冠的身影，它成为蒙古族女子特色代表服饰之一（图1-2-170，图1-2-171）。

图1-2-170　头戴罟罟冠的蒙古族姑娘

图1-2-171　服饰展演舞台上的蒙古族姑娘

# 三、民族服饰对时尚服装设计的意义

## （一）民族服饰与服装设计师

　　民族服饰的丰富多彩长期以来吸引着全世界的服装设计师的关注。20世纪80年代初，一些国际著名服装设计师来到中国，促使了国际舞台上出现许多以中国民族文化元素为灵感的服装作品。已故的世界著名服装设计师伊夫圣洛朗说过："中国一直吸引着我，中国文化、艺术、服装、传奇故事都令我向往。"同样，意大利时装设计大师比娇蒂曾说："具有悠久传统的中国历史和民族文化一直令我神往，许多时装也是受到中国文化的启发设计而成的。"她还称赞中国的民族服饰："对于一个时装设计师来说，简直无异于天堂。"

我国的民族服饰同样也深深吸引着本土许许多多的服装设计师。"天意"品牌设计总监梁子，善于将东方元素与国际时尚完美结合，注重从民族服饰中吸取养分，追求"天人合一"的和谐之美。梁子研究传统面料莨绸，对几乎绝迹的莨绸制作古法进行发掘与保护，将这种传统环保面料与现代时尚相结合，被称做最中国的设计师和中国时装界的"环保大师"。我国著名服装设计师吴海燕也说过："我们的服装设计只有传递出中华文化的精粹，才能在世界舞台上散发迷人的魅力。"她的设计作品大量采用中国丝和麻作为面料，善于运用中国元素进行纹样的创意设计。她这些洋溢着浓郁"民族情结"的作品得到国际服装界的认同并成为向世界展示中华文化精粹的窗口。1986年起至今，吴海燕的作品多次在法国、美国、德国、日本、马来西亚等国家参加宣传中国文化、弘扬民族艺术、以时装表演的形式促进国与国之间文化交流的活动。我国第一代服装设计师郭培，也是中国最早的高级定制服装设计师，她曾为很多出席重要场合的人士制作礼服，春节晚会90%以上的既有中国民族气息又时尚的礼服、表演服均来自她的工作坊，为全国乃至全世界人们展示了具有我国本民族文化特征的现代服饰，连续三届荣获"国际服装服饰博览会"服装金奖。

广西是一个少数民族众多的地区，2009年，中国服装设计师协会时装艺术委员会将工作会议选择在广西南宁举行，会议期间，参会的十佳设计师们深入南宁、阳朔、龙胜等少数民族地区进行了民族服饰文化采风。设计师们采风后感触颇多，其中设计师之一王鸿鹰谈到："我一直从事成衣设计，受国际流行、市场信息的影响大，有关民族的东西运用很少，除了一些刺绣图案，对民族元素涉猎也不深……短短几日的南宁之行，让我突然感觉到自己的偏颇，在我们的传统民族文化中，还有着很深层次的生命力，这种深层的力量更值得我们去关注，挖掘其中的精髓，比如纹样的疏密关系、比如形状的比例、安排等等。……在领略到民族文化深层生命力的同时，我也开始思考，为什么过去会对它这么淡漠。……这大概与我们对民族元素的应用太肤浅、太机械化有关。过去谈到中国书法，结果就是把书法作品直接放在衣服上，生硬、呆板的应用抹杀了文化鲜活的生命力……其实，在对待传统文化、民族元素方面，我们更应该看到文化的神韵，在初级的色彩、图案的应用之上，还要挖掘展现出属于中国文化的精神气质。"

如今的国内外服装设计师们都深知民族服饰的价值，我国的设计师们都开始清晰地意识到，中国时装发展的道路就在足下，立足于中国民族服饰这座宝库，努力发掘，从中汲取力量与灵感，才可以使中国的时装设计不流于表面而深入中国服饰文化的精髓，让作品穿越岁月，成为永恒的经典。

# （二）民族服饰与服装创作灵感

通常情况下，在服装设计师的大脑中，很多创新和最终获得的成就都离不开最初灵感的迸发。灵感可以说是一种暗藏于心底深处的意识形态，在进行创作活动的过程中，会由于一些偶然的元素所激发，获得一种意象、启发、引起创作的冲动，从而达到一种意识形态上的飞跃，由此而诞生出各种新视觉、新发现、新思路、新概念。比如会突然因为民族服饰上的某种元素或受民族服饰内涵的影响，激起一股热情，找到设计的突破点，这样很容易使创意不请自来。

但也要认识到，灵感并非全是偶然性的，如俄国著名画家列宾所说："灵感不过是艰辛劳动所获得的奖赏。"因为灵感的出现是一个厚积薄发的过程，是长期积累的结果，我们平时的认识和关注在大脑里早已经展开了分解、整合、重组，成为了一种潜意识，为灵感的出现奠定了厚积薄发的基础。

因此，深入了解、研究民族服饰，实际已经在脑海中囤积了许多丰富的资料，这些资料在开展设计活动的时候，会为现代服装设计提供源源不断的设计创作灵感。

### （三）民族服饰与民族风格服装设计

民族服饰从概念上讲是传统的地道的民族民间服饰，是通过祖辈代代相传，并保留传承了本民族服饰的面料特征、款式造型、色彩图案、穿着方式。民族风格的服饰指带有民族服饰风格特征的现代服饰，它具有现代服饰的特点。民族风格服装设计是通过借鉴和汲取古今中外优秀传统艺术或各民族传统服饰的精华，再结合现代时尚审美而形成的一种设计风格。从形式上看，它往往借用了一些传统艺术或服饰的要素，如传统图案、传统色彩、传统工艺技法或传统的结构造型等，总体给人一种或为怀旧、或为质朴、或为装饰化、或为自然的印象。反映了人们渴望回归自然、返璞归真、生态健康的追求。

民族风格的服装设计需要不断推陈出新，不能简单地移植或模仿，不能将民族风格的服装设计做成民族服饰的改良，要分清二者的关系。目前，民族风格备受设计师们的推崇，它在一定程度上向外界传达出本土的精神文化内涵，影响深远，具有文化传播的意义。

## 四、民族风格服装设计的要点

### （一）传统与时尚的融合

1996年，雅克德洛金担任主席的国际21世纪教育委员会向联合国教科文组织提交了一份《教育——财富蕴藏其中》的报告，其中引用拉封丹预言诗《农夫和他的孩子们》中农夫对儿子们的告诫："千万不要把祖先留给我们的产业卖掉，因为财富蕴藏其中。"这意在告诉我们，教育和文化是祖先留给我们的"产业"，可帮助我们解决生存之难。对于一个地区或国家来讲，永远的财富是文化。对于中国的服装设计界来讲，永远的财富就是中国丰富的民族传统服饰。

时尚舞台上，将本国本民族民间传统与现代时尚融合的方式层出不穷。名震寰宇的日本服装设计大师三宅一生非常重视从自己民族文化中汲取营养，他早年曾在欧洲学习过现代服装设计，在设计过程中却喜欢打破西方拘泥于形式的高级时装的表现手法，充分去展现根植于思想深处的日本民族精神。他曾说过一句话："传统并不是现代的对立面，而是现代的源泉。"他的作品看似无形，却疏而不散，反映了日本式的关于自然和人生的哲学，其作品远远超出了时代和时装的界限。多年后我们再看他的作品，也依然很美很时尚。其他在国际上获得同样盛誉的日本设计师们，如川久保玲、山本耀司、森英惠等，他们都有一个共同的特点，都是牢牢地立足传统，用一种时尚、现代的方式来演绎民族思想，以至于在国际时装舞台上占有一片天地，让世界为之喝彩。

世界著名服装品牌迪奥，汇聚了世界一流的设计师，无论哪一件成功的作品，都展现了代表时尚的法国人的审美素养。设计大师约翰·加利亚诺拥有很高的审美素养，他的作品千奇百怪，每一季度的作品会给人一种全新的视觉感受，但其中风格传达了一种独特的文化理念，让人感觉他的作品始终保留巴黎本土文化的气息，其中透露着具有独特欧洲风情风格的巴黎时尚。

近年来，传统与时尚相结合的设计与研究越来越多，国外很多著名设计师曾在我国民族服饰艺术中寻求设计灵感，国内很多服装院校也开设了民族服饰课程，让独有的民族特色的美结合服饰文化内涵，作为一种新的设计资源渗入到现代时装设计之中。我国一部分在国内外具有一定影响力的设计师或品牌都是将传统与时尚紧密地结合。如我国著名设计师马可，为体现服装上的传统精神，可以追溯服装的纯手工工序，她的"无用"工作室甚至回归到手工纺织布匹，她设计的服装总是力求在传达我国民族精神和文化的同时准确把握住国际时尚的主流和特征。总之，我们必须明白，时尚界不管如何变换，传统与时尚融合的服装设计才会更加具有深层的感染力和影响力。

## （二）民族符号元素的借鉴

民族服饰符号元素很多，包括民族服饰的色彩元素、民族服饰的图案元素、民族服饰的造型元素、民族服饰的结构元素、民族服饰的材质元素等，在将传统与时尚融合的设计理念下，民族符号元素的借鉴是必须要开展进行的。民族符号元素的借鉴方式方法比较灵活，但仍可以归为以下三方面。

### 1.造型结构的借鉴

造型结构是服装存在的条件之一。服饰的造型分为整体造型和局部造型，民族服饰的造型不论整体造型还是局部造型都十分丰富，但我们可以从中找寻规律，通过仔细研究发现，绝大多数民族服饰的造型属于平面结构，也就是无省道的应用，平面结构的服装裁剪线简单，大多呈直线形，表现出的效果是平直而方正的外形。民族服饰的造型主要依靠改变服装款式的长短、宽窄、组合方式、穿着层次来进行造型。从设计美的形式感的角度来分析，值得借鉴的有对称与均衡、变化与统一、比例与尺度、夸张、重复与节奏等方式。

对称在服装上是指以门襟为中轴线，服装的左右两侧在造型结构因素上呈现等同的效果。服装上这种对称关系给人以整齐、端庄、协调、完美的美感。均衡也可以称为相对对称，但它不是视觉表象的对称，而更多体现在视觉心理感受上，比如服装左右两侧布局不同，但能达到一种视觉的平衡。服装上这种均衡关系给人活泼、自由、变化的效果。在各民族服饰中，对称与均衡的造型结构很多，进行民族风格服装设计时，既可以单独借鉴端庄静穆的对称造型和生动灵活的均衡效果，也可以将二者有机地结合起来运用。

在服装中，变化是指服装上的结构之间的差异和区别，服装上的变化能产生一种生动和动感。统一是指服装上各种元素或各个部分之间的共同点、内在联系。服装上的统一效果能给人整齐和舒适感。民族服饰中各种元素的组合运用通常都有着统一的款式和风格，统一的色彩关系，统一的面料组合，但各部分又呈现变化和差异，这种在统一中求变化、在变化中求统一的方式是服装中不可缺少的形式美法则，使服装的各个组成部分形成既有区别又有内在联系的变化的统一体。在进行民族风格的服装设计时，借鉴这种方式要注意寻找统一变化关系的秩序和规律，只有这样，才能形成既丰富又有规律，从整体到局部都形成多样统一的效果。反之，如果服装中没有变化，则给人单调乏味的感觉，没有统一，会给人杂乱无章、混乱无序的感受。

民族服饰的服装造型结构还包含一种内在的抽象关系，即比例与尺度。比例是服装整体造型和局部造型，或者局部与局部造型之间的关系呈现的大小、高低、宽窄的规律，这种规律符合人的审美规范，便称为和谐的比例。和谐的比例是所有事物形成美感的基础，能使人产生愉悦感，这在很多民族服饰中多有体现，它们通常根据和谐适当的比例尺度，将各部分之间的长短、宽窄、大小、粗细、厚薄等因素，组成美观适宜的关系。如彝族、傣族、朝鲜族女子的衣裙的比例关系很明显：上衣短窄，裙子长或宽大，这种比例尺度，能使得人的身材修长和柔美。在民族风格的服装设计中，可以借鉴这种方式，将其适当地运用在服装中，以此获得款式比例美。

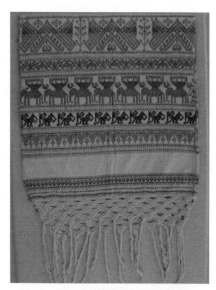

图1-4-1　傣族织锦上的纹样连续
排列，形成很强的节奏美

图1-4-2　苗族围裙上的蜡染图案
重复出现，节奏感强

图1-4-3　重复与节奏在拉祜族服装上的表
现（上海博物馆民族服饰馆内拍）

夸张在服装中是一种化平淡为神奇的设计手法，可以强化服装的视觉效果，强占人的视域。夸张不仅是把服装某一部分的状态和特征放大或缩小，从而造成视觉上的强化和弱化。民族服饰中的夸张与变形方式较多，如苗族的宽大牛角头式造型，广西瑶族的大盘头，贵州重安江革家女子的"戎装"，云南新平地区傣族女子的"花腰"造型等。在民族风格的服装设计中，借鉴这种夸张与变形的方式，可以获得较好的视觉冲击。

重复在服装上表现为同一视觉要素（相似或相近的造型）连续反复排列，它的特征是形象有连续和统一性。节奏是通过有序、有节、有度的变化形成的一种有条理的美。民族服饰中重复与节奏的表现也很多，这是民族服饰变化生动的具体表现方法之一，民族服饰上基本都会采用纹样装饰，而连续的纹样装饰在服装上进行重复排列，便形成了强烈的节奏之美。再如民族服饰上装饰物造型在服装上采用上下、左右、高低的重复表现也是节奏感产生的重要手段。在民族风格的服装设计中借鉴这种方式，可以让单一的形式产生有规律、有序的变化，给视觉带来美感享受（图1-4-1～图1-4-3）。

**2.色彩图案的借鉴**

民族服饰的色彩图案作为一种设计元素，是一个有着极其丰富资源的宝库，也是被服装设计师们借鉴得最多的因素。总体来说，民族服饰中的色彩大多古朴艳丽，用色大胆醒目，颜色搭配巧妙，图案更是形式多样，异彩纷呈。对民族服饰色彩图案的借鉴主要有两种方法：一种是直接运用，另一种是间接运用。

直接运用是在理解民族服饰图案的基础上的一种借鉴方法，即直接将元素素材的完整形式或局部形式嫁接过来，但这种借鉴方法要注意把握三个方面。首先，要仔细解读该图案色彩在民族服饰上的文化内涵和象征意义，尽量做到传统与现代时尚感的和谐统一。其次，直接运用的图案要考虑在服装上的位置安放，因为有的民族图案适合作边饰，有的适合安放在中心位置，有的只适合作点缀。总之，一定要找准该图案在现代服装上最适合的位置。最后，直接运用某一民族图案时，要根据服装的整体色彩再调整该图案的色彩，很可能有的图案适合目前设计的款式，但原色彩太强烈浓艳，或太过于沉稳暗淡，这时候就需要保留图案形式而改变色彩关系。

间接运用是在吸取文化内涵的基础上，抓取

其"神"，是一种对民族文化神韵的引申运用。也就是在原始的色彩图案符号中去寻找适合现代时尚美的新的形式和艺术语言。如果以借鉴图案符号为主，对民族图案所形成的独特语言加以运用，可以做局部简化或夸张处理，也可以打散、分解再重新组合，以此创作出与原素材既有区别又有联系的作品。如以色彩借鉴为主，即对民族图案所具有强烈的个性色彩借用于现代设计中，设计中的其他方面，如构成、纹样、表现形式又以创作为主，产生既有现代感又有民族风格的设计作品。

3. 工艺技法的借鉴

民族服饰的装饰工艺多种多样，有缝、绗、绣、抽、钩、剪、贴、缠、拼、扎、包、串、钉、裹、黏合、编等几十种技法。这些装饰工艺都是全手工完成，在各民族服饰上运用非常广泛，有的是在实用的基础上进行装饰，有的纯粹就是为了装饰，体现出一种独特的民族审美情趣。

不管这些装饰工艺技法如何丰富，但不同的民族在掌握同一技法上有粗犷与精细、繁复与简洁之分，在掌握不同技法上也各有所长。有的民族是多种技法综合运用。不同的装饰工艺技法可以表现出不同的装饰效果，就是同样的装饰工艺技法也可以表现出不同的装饰效果。如同样是"平绣"装饰工艺，黔东南施洞苗族人就运用极细的并破成几缕的丝线来表现，四川汶川的羌族人就运用较粗的腈纶线来表现，所以前者风格细腻精致，后者风格粗犷大气。再如同样是用"缠"的装饰技法，在具体运用时，缠的方向、方式方法的不同会形成不同的装饰效果。还有同样的"缝"、"绗"，针距的长短、线迹的方向也会呈现不同的装饰效果……我们学习借鉴这些工艺技法，就要在熟练掌握各装饰工艺的技法特点和表现手段的基础上，突破具体的工艺表象，抽离出其本质精神，运用现代、时尚的语言表达出来。例如，借鉴许多少数民族喜爱的"缠"的工艺技法的时候，要知道各民族缠的方式方法各有不同，我们不能机械地去照搬某一民族的技法，而是要从中找出"缠"的规律，提取"缠"这种民族装饰工艺所表现出来的精神实质，这种实质即民族的意境内涵，是真正打动人的东西，也是借鉴的最高境界。

2009年11月，中国设计师梁子在充分理解和吸纳羌族刺绣的基础上，将羌绣工艺技法融入到现代时装设计中，成功举办了一场名为"羌绣良缘"的时装发布会。这是民族服饰装饰工艺技法的成功借鉴，梁子为了使羌绣技法更加"原汁原味"，她还请来几位四川羌族妇女亲自在她的设计作品上进行手工绣制，将羌绣工艺技法在现代时尚圈内演绎得美轮美奂、淋漓尽致，备受时尚界好评。

综上所述，民族服饰为现代服装设计提供了诸多的设计元素，只要每个有心的设计者创造性地运用传统民族服饰里的设计要素，使服装设计不流于表面而深入民族文化与民族风格的精髓，就能衍生成独特的现代服装设计。

# （三）民族文化内涵的体现

民族服饰的形成有着深厚的历史渊源和丰富的文化底蕴，民族服饰得以长期保存和延续至今，是因为根植在深厚的民族文化沃土中。文化是传承的根基，我们从民族文化中可以看到民族服饰存在的广阔空间。当我们将民族服饰元素运用到现代时尚设计中时，是不能忽视其中的文化内涵的，解读民族服饰文化，对民族传统文化要有较为深入的认识，感受民族文化内涵影响下形成的不同服饰美，是服装设计者的基本素养之一，有助于设计的提高。

当前中西文化冲突激烈，一些国人缺少传统文化的自尊心和自信心，尽管民族服饰是中国文化的重要组成部分，但在弱势文化的大氛围下，人们存在着对传统服饰的一种轻视。在教育产业化的进程中，特别是服装设计教育，学生们更多吸收的是西方的观念和时尚，而我们应该切实地了解和研究传统文化的深层内涵，细心领悟倾注浸透在那些样式中的精神气质，这样才能找到回归传统与现代表现内在的结合点，实现文化传承和文化交融意义上的创新（图1-4-4）。

图1-4-4　创意星空第二季服装设计作品（设计师：卢霆希）

具有创新意识的民族风格服装设计与传统的民族服装不同，它建立在对民族服饰审视并重新注入时代感觉和时尚品位的基础上。具有创新意识的民族风格服装设计各有特色，形式万千，它们通常都是将民族服装中的各种元素，如色彩、图案、造型等经过打散后，按照具有时代性、时尚性审美意识重新组合起来，形成了既具有时代感觉又具有民族服饰特色的新鲜时尚造型。

# 一、直接运用法

## （一）造型结构的直接运用

造型是服装存在的条件之一，民族服饰的造型包括整体造型和局部造型，整体造型对形成服装风格特色起着至关重要的作用，局部造型是服装款式变化的关键，我国民族服饰不论是整体造型还是局部造型，都十分丰富，但均有规律可循，就是绝大多数民族服饰属于平面结构，平面结构服装的裁剪线很简单，大多呈直线状，其表现效果是平直方正的外形，主要依靠改变服装款式的长短、宽窄、组合方式、穿着层次来造型的。在现代服装设计中，我们要在了解民族服饰造型结构的基础上，借鉴民族服饰造型结构中的精华部分，保留民族服饰中最优秀的艺术特征。那么对民族服饰构造方法的借用，可以从两个方面入手：一是服装外轮廓的启发，二是服装内部构造方法的局部借鉴。

1.服装外轮廓的启发

服装外轮廓原意是影像、剪影、侧影、轮廓，在服装设计中被引申为服装的外轮廓，即廓形，服装外轮廓是服装整体给人的一种形态，也是常被作为描述一个时代服装潮流的主要因素。常见的服装廓形，按照字母命名的服装廓形分类有：A形，V形，H形，O形，Y形，T形，X形，S形等。也有按形状相似物命名造型的，如纺锤形、沙漏形、瓶形等（图2-1-1）。少数民族服饰的外轮廓形态也是简洁有形的，如图2-1-2、图2-1-3。

| A形 | H形 | O形+ | X形 | T形 | 瓶形 | 纺锤形 | 沙漏形 | Y形 |

图2-1-1 服装廓形

图2-1-2 瑶族传统服饰造型

图2-1-3 苗族百褶短裙造型

图2-1-4 彝族传统披毡（查尔瓦）造型

民族服饰种类繁多，廓形样式也迥异，为了使人穿着衣服时心灵感受到松散与自由，民族服饰对人体结构是一个顺应的关系，比如彝族、羌族男子身上常年批一件类似毯子的坎肩或披毡（图2-1-4），冬天用于抵御寒冷，夏天用于遮挡雨水，热的时候毛朝外，冷的时候毛朝里，这种方式在衣文化上体现的是人与衣的和谐关系。在服装外轮廓造型上往往简洁大气，但内部结构和细节依然丰富。例如中国国际时装周2008春夏"梁子·天意·月亮唱歌"系列作品之一就是受到类似彝族服饰外轮廓的启发，外轮廓造型极为简洁，却又不失细节的相应处理，整个服装既保留了传统精神，又极具现代感，整体看起来大气温婉，宽大的衣袖连着裙摆自然下垂，虽不华丽，但穿上去却能让人从内而外散发一种自然、含蓄、恒久的美（图2-1-5）。

再如图2-1-6所示，设计者从民族服饰的披肩造型得到启发，从外形上看，设计作品采用了简练的外轮廓线条，整体的气势感十足，但设计者别具匠心地进行了内部细节的处理，使作品呈现出时尚的气息。

由于服装廓形变化的关键部位是肩、腰、臀、腹、膝、肘，以及服装的底摆等，服装的廓形变化也就是在于对这几个关键部位的掩盖与强调，因此，设计现代服装外轮廓时还可以借鉴民族服饰裙衫、披肩外套的造型。比如将外轮廓移动到关键部位相对应的颈侧点、腰侧点、衣摆侧点或者公主线、分割线等部位，最后形成不同的现代服装廓形（图2-1-7～图2-1-15）。

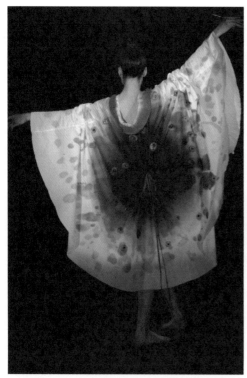

图2-1-5 中国国际时装周2008春夏"梁子·天意·月亮唱歌"系列作品之一

图2-1-6 2015年大学生北京时装周系列作品之一

图2-1-7　黔东南苗族服饰造型　　　　　　　图2-1-8　借鉴民族服饰中短裙造型的服饰设计

图2-1-9　黔东南苗族上装　　　　图2-1-10　借鉴民族服饰造型的服装　　　图2-1-12　黔东南苗族
服饰造型（一）　　　　　　　　设计作品之一（马可设计）　　　　　　上装服饰造型（三）

图2-1-11　黔东南苗族上装服饰造型（二）

图2-1-13　借鉴民族服饰造型的服装设计作品（设计者：马可）

图2-1-14　藏族服饰造型

图2-1-15　借鉴藏族服饰造型的现代服装设计作品

## 2.服装内部构造方法的局部借鉴

服装内部构造即是服装的内部结构设计，也就是款式设计，具体可包括服装的领子、袖、肩、门襟、口袋、裤裆等细节部位以及衣片上的分割线、省道、褶裥等造型结构的设计。民族服饰分为内外衣、上下装、各种装饰变化的衣服与配件，从民族服饰形式感来看，款式、局部装饰、线与面的结合、各种图形创意、多层裙衣的组合关系都是民族服饰中的亮点。在设计中，具体的方法主要有两个：一个是民族服饰零部件结构的移动，另一个是借鉴民族服装构造中的层次。

第一种方法是将民族服饰零部件结构移动到现代服装中的另一个部位或者将零部件重复排列在现代设计服装中形成统一的效果，零部件就是服装的内部结构。由于民族服饰装饰丰富，民族服饰的零部件还可以包括绣有连续纹样布面、装饰物（银泡，银片，银饰）、花边装饰等。下面用服装上的衣领举例，图2-1-16中衣领因为位置的缘故，成为服装整体造型的视觉中心，衣领设计造型独特，不仅如此，将民族服饰衣领后部的设计（图2-1-17）移位于前边，衬托修长的脖子显得亭亭玉立，也展示着东方女性的典雅气质。

　　民族服饰中立领的造型很多，图2-1-18作品借鉴了民族服饰中常用的立领造型，设计师在设计时将立领改变得符合现代审美，高度、大小和造型上有变化，加之胸前精致的搭扣设计和衣袖上变化，再搭配相应的色彩，表现了现代女性时尚而又民族的气质，这类设计显然体现了一份属于中国民族特色的文化品位。

　　第二种方法是借鉴民族服装构造中的层次。民族服饰内部构造的方式较多，同时又注重服装穿着方法和长短内外的层次变化。民族服饰中的层次构造主要从两方面创作：一是服装局部形式的多层次，二是服装的内层、外层共同构成服装的外观效果。局部形式的多层次效果，是指现代设计服装中局部部位在形式上构成多层次感；而服装内外多层的效果，指的是服装的里层和外层共同构成错落有致的层次，层次丰富，风格随意。民族服装中，层次组合关系很多，有内外两层甚至三四层的关系，也有露出各层下摆，

图2-1-16　借鉴民族服饰
中衣领的时装设计

图2-1-17　民族服装
上衣领后部造型

图2-1-18　借鉴民族服饰中立领造型的现代服装设计作品

门襟的多层裙，多层衣打扮，也有裤子外穿，裙子外围围腰，围腰外再加一层短围腰的打扮（图2-1-19，图2-1-20）。

图2-1-19　革家人的传统盛装在
穿着上很讲究层次感

图2-1-20　服装穿着层次丰富的
凉山布拖县彝族女装

熟悉和了解民族服饰的构造层次，体会其中的层次美感，可以直接借鉴运用到现代服装设计中（图2-1-21，图2-1-22）。

图2-1-21　具有民族服饰中的构造层次美的服装设计作品（安娜苏）

图 2-1-22　具有民族服装构造层次美的现代服装设计作品（张肇达）

## （二）图案色彩的直接运用

民族图案是民族服饰中最为绚烂的亮彩，图案与纹样取材广泛，经过人们的审美加工，以独特的形式表现出来，常常被借鉴于现代设计中。民族图案色彩的直接运用分为两种：一是将民族服饰图案完整形式直接用在现代设计中；二是将民族服饰的局部形式直接用在设计中。两种方法为适应现代审美，也可作相应调整。不过，设计师在进行设计时，首先要仔细解读该图案在原民族服饰上的文化内涵及象征意义，其次是直接运用的图案要考虑在服装上位置的安放，这两点不能忽视，否则就成了生搬硬套，失去设计的意义。

1.民族服饰图案完整形式直接用在现代设计中

透过民族服饰上多彩多样的图案纹样可以感受到各个民族的宗教信仰、民风民俗以及对美的感知能力。通过扎染、蜡染、刺绣、镶拼、贴补等工艺手段得到的少数民族图案与纹样，古朴凝重，或鲜艳热烈，或动感奔放，或宁静内敛，体现不同民族的民风民俗和生活韵味，在现代设计过程中，根据这些感受的不同，选取与即将要设计的服装的风格和精神能契合的图案进行运用。这其中最讲究的一点就是放在现代服装中的图案纹样的位置，图案的位置注意也要遵循一定的形式美法则，比例均衡、节奏韵律和多样统一等，要与服装整体风格相协调。

图 2-1-23、图 2-1-24 作品是将民族服饰图案直接运用于现代服饰的范例，图案整体安排独特，这样图案无疑成为了视觉中心，恰如其分地放在协调整体的位置上，不将图案放得太满，反而给观者独特的视觉冲击力，这样的设计具有浓郁的中国民族色彩又不失时尚气息。

图2-1-23　民族服饰图案直接应用的设计（一）

图2-1-24　民族服饰图案直接应用的设计（二）

图2-1-25为西南地区少数民族服饰上的蜡染图案，图2-1-26为运用西南地区少数民族的蜡染图案的现代服装设计作品。

2.民族服饰的局部形式直接用在设计中

民族服饰的纹样运用比较常见，无论在服装上还是饰品上（包袋、头饰、鞋、腰等）都布满图案，图案的内容以动物、植物、人物、几何、文字为主，服饰的衣领、衣襟、袖臂、项背、下摆、裤脚、帽子、头帕、挂包、围腰、裙边等部位装饰各种花纹，工艺有贴花、挑花、盘花、锁花、镶嵌、平绣等。图案精致美观，刺绣装饰美丽庄重、色彩鲜明，花样繁多。服饰纹样是民族文化的载体，丰富多彩，寓意深远。其中，很多图案与纹样都是大面积甚至全面积使用，这样色彩满溢的图案与纹样展现了少数民族人民的热情浓烈、洒脱奔放的个性，但如果将图案大面积或全面积运用在现代设计中，变化较少，稍微会有悖于现代人的审美。所以局部图案的应用不失为一种好的设计方法，比如可以将图案与纹样用于服装的某些局部、领口、袖口、衣襟、下摆、胸部和腰部等位置，装饰出菱形、三角形、曲线等造型的纹样，或者将其经过重新设计的特定图案点缀在纯色的面料上。图2-1-27中就是将腰带尾部的装饰图案（图2-1-28）用到现代服装中的胸部位置，只变化一些局部纹样，视觉上给人一种简洁大方、古朴内敛的美感，达到了良好的效果。

图2-1-26　民族服饰上蜡染图案的直接应用

图2-1-25　西南地区少数民族服饰上的蜡染图案

图2-1-27　民族服饰腰带尾部的装饰图案（纳西族）

图2-1-28　将民族服饰的装饰图案用到现代服装中胸部位置的设计

图2-1-29是中国设计师梁子的设计作品，她是在充分理解和吸纳羌族刺绣的基础上，将羌绣图案（图2-1-30）原汁原味地应用到现代服装中。为达到羌绣独有的神韵，梁子专门从四川请来几位羌族妇女，让她们协助完成服装上的刺绣图案（图2-1-31）。

图2-1-29　羌族刺绣图案的直接运用

图2-1-30　羌族刺绣图案

图2-1-31　羌族妇女协助完成梁子的
服装设计作品的刺绣部分

设计师梁子喜欢把民族服饰上的传统元素与中国的传统面料莨丝结合运用，表现手法自然洒脱，在她的作品中，我们能感受到这种民族气息被表现得淋漓尽致，却又不失现代时尚美。在天意·梁子2007年春夏时装发布上，以黑、白、灰为主色调来展示的生命主题，这个系列作品主要是将苗族服饰或银饰上的局部图案形式运用在衣裙上，纹样图形组织保留了原造型的精美质朴，给人一种灵活、自由的视觉效果（图2-1-32）。如图2-1-33为黔东南地区苗族服饰，该民族服饰头上的银帽造型和图案均被设计师巧妙地安排到设计师们的作品中，成为作品中最为精彩的部分（图2-1-34）。

图2-1-32　天意·梁子2007年春夏时装发布作品

图2-1-33　黔东南地区苗族服饰

图2-1-34　现代服装设计中借鉴了民族服饰元素

## （三）工艺技法的直接运用

　　少数民族传统的时尚化设计中，工艺的现代设计是重要的一方面。传统服饰主要采用手工艺，它的种类包括刺绣、绗缝、扎染、蜡染、拼布、编织、手绘等。每件手工艺服饰品都是满含真挚情感的民间艺术作品，无疑是情感与工艺交汇的地方，时间的流逝孕育着富饶、舒适和品质，也就孕育了美丽，这些传统手工艺既是民族传统服饰的重要组成部分，也是其最为精彩的部分之一，写满了人类情感。在现代服装设计中，借鉴传统手工艺技法，可以用现代的面料制作将整匹布用蜡染、扎染、印花等方法制成所需要的面料，还可以利用电脑设计出民族服饰的图案，用机器进行仿挑花、仿十字、仿打籽绣等刺绣方法，然后在此基础上设计、裁剪和缝制，得到想要的服装设计效果。归纳起来，工艺技法的直接运用可以通过面料制作工艺技法的借鉴完成，也可以通过服饰装饰工艺技法的借鉴完成。

　　民族服饰的服装面料基本都是当地人全手工制作完成的，是为适应该地的生产和生活方式而产生的，典型的有如苗族、侗族、哈尼族等许多少数民族的土布；羌族、土家族、畲族的麻布；苗族、侗族的亮布；苗族、革家人的蜡染面料；白族、布依族的扎染面料；藏族的毛织面料；鄂伦春族、赫哲族的皮质面料等。这些服装面料具有独特的乡土气息和朴素和谐的外观，也有其独特的制作工艺。通常一匹传统民族手工布料的完成要经过播种、耕耘、拣棉、夹籽、轧花、弹花、纺纱、织布、染布、整理等过程（图2-1-35）。

图2-1-35　湖南苗族人的织布工艺

　　这些民族民间传统工艺在今天来看，制作工艺复杂，生产效率低，但由于原料和染色工艺都具有无可比拟的优点而受到人们的重视。因为民间几乎所有的染色原料都来自于不同种类的植物和动物材料，当地民族遵循着几千年来的基本相同的方法，用各种植物和树木的根、茎、树皮、叶、浆果和花来上色，这些原料是天然的、可以再生的，不会对人体造成伤害，有的还有利于人体健康。另外，染整工艺的化学反应温和单纯，与大自然相协调，和环境具有较好的相容性。因此在当前呼吁环保、重视生态平衡的时代，民族服饰面料工艺技法是非常值得借鉴的。

　　中国知名女服装设计师马可，总是一如既往地守护传统手工技艺，她从小热爱手工做的东西，认为手工做的东西蕴涵着工业机制品无法达到的深厚情感和灵性。2000年以来，她通过在中国一些偏远的地区调研，对中国传统手工技艺的认识又加深，她从中发现人最本质的一面，那是科技和经济无论发展到何种高度都无法改变的东西。在北京她的无用工作室里，所有出品全是手工制作，从纺纱到织布、缝制到最后染色，全部采用手工和纯天然的方式，她的服装设计作品从面料的制作到服装的完成以及服装的展示，无不传达着一种回归自然的状态（图2-1-36、图2-1-37）。

　　2008年，马可在"无用"巴黎高级时装周发布会上，模特展示了我国传统手工之美，同时也传达出马可的设计精神内涵：古老的纺车上，第一位织布工人以灵巧的手指拈出纤长的棉线，第二位织布工人端坐在已有百余年历史的织布机上，用我国西南地区少数民族流传千年的古老技术，织出真正意义上的手工布匹（图2-1-38）。

　　这场发布会上所有模特穿的衣服与鞋都是用天然的材质、传统手工制作而成，因此最接近于自然朴实的状态。设计师对服装材质的处理就是尊重它本身的构成——没有复杂的剪裁，没有炫技式的解构形式，没有刻意放大的量体，这些服装，就是可以穿着的日常衣服，布料是用手工在织机上一丝一线织成，所有接头也是一针一线慢慢缝制而成。这些服装如同我们勤劳的中华民族：单纯而朴实，却又意蕴隽永（图2-1-39～图2-1-42）。

图2-1-36　北京无用空间陈列
的马可设计的服饰（一）

图2-1-37　北京无用空间陈列的
马可设计的服饰（二）

图2-1-38　"无用"巴黎高级时装周发布会上的模特表演

图2-1-39 "无用"巴黎高级时装周发布会现场

图2-1-41 "无用"巴黎高级时装周
发布会上的模特表演（二）

图2-1-40 "无用"巴黎高级时装周
发布会上的模特表演（一）

图2-1-42 "无用"系列服饰的细节

在传统民族服饰的装饰工艺技法中，扎染、蜡染、印花、编结、刺绣、皱褶处理等技法各有特色、各有所长，都蕴涵了民族独有的审美情趣，如借鉴扎染工艺的服装设计作品，民族传统工艺在现代服饰中呈现出新的面貌（图2-1-43～图2-1-48）。

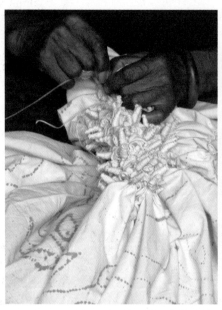

图2-1-43　民族民间的扎染工艺

图2-1-44　传统扎染工艺效果之一

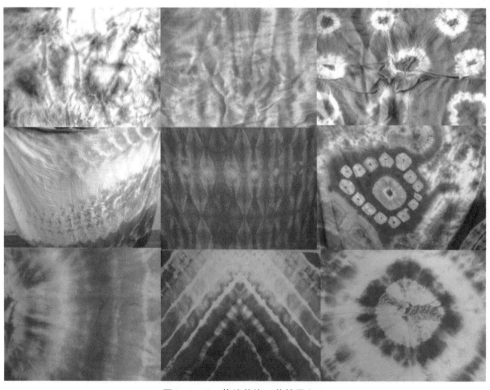

图2-1-45　传统扎染工艺效果之二

图2-1-46 借鉴传统扎染工艺的现代服装设计作品（一）

图2-1-47 借鉴传统扎染工艺的现代服装设计作品（二）

图2-1-48　借鉴传统扎染工艺的现代服装设计作品（三）

　　传统编结工艺技法在我国有着悠久的历史，它以精巧而意味深长的装饰风格而著称于世，在我国民族传统服饰中常用于衣服的搭扣、腰部的装饰、缀饰、衣缘的边饰、颈间的饰物等，其花样变化无穷无尽。传统编结工艺用于现代服饰，要在了解这项传统技艺的基础上再开展创意设计。设计师运用传统编结工艺制作成的服饰配件作品见图2-1-49～图2-1-56。

图2-1-49　借鉴传统编结工艺的现代服饰配件设计作品（一）

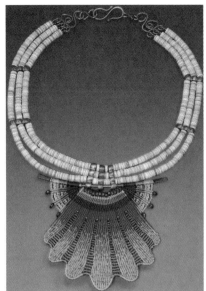

图2-1-50　借鉴传统编结工艺的现代服饰配件设计作品（二）

图2-1-51　传统编结工艺在现代服装
设计中的运用（一）（设计者：孟君）

图2-1-52　传统编结工艺在现代服装设
计中的运用（二）（设计者：孟君）

图2-1-53　传统编结工艺在现代服装设计中的运用（三）（设计者：孟君）

图2-1-54　传统编结工艺在现代服装设计中的运用（设计者：曹慧君）

图2-1-55　传统编结工艺在现代服装设计中的运用（设计者：席培）

图2-1-56　传统编结工艺在现代服装设计中的运用

　　刺绣是用彩色丝线或棉线在布帛、绸、缎等材料上用针运行穿刺，从而构成图案的一种传统工艺。刺绣工艺技法在少数民族传统服饰中是主要的装饰手法，民间刺绣装饰多分布在衣服领口、袖口、前胸、后背、双肩、衣缘、下摆等处，除了为了加固使之耐磨，这些地方也是最为出彩的地方之一，赋予了整个服饰艺术的美感。刺绣的针法丰富、品种繁多，各地区各民族风格各异，但基本针法几乎在所有民族服饰中都能见到。刺绣用于现代服装设计，也是需要充分地了解和掌握其工艺技法和效果（图2-1-57～图2-1-72）。

图2-1-57　刺绣所需的线材和工具

图2-1-58　打籽绣针法

图2-1-59　民族服饰上用打籽绣工艺完成的刺绣图案

图2-1-60 民族服饰上用细腻的
平绣针法完成的图案

图2-1-63 民族服饰上用辫绣针法完成的龙纹图案

图2-1-61 民族服饰上用平针绣完成的图案

图2-1-64 民族服饰上用补绣针法完成的图案

图2-1-62 民族服饰上用锁针绣完成的图案

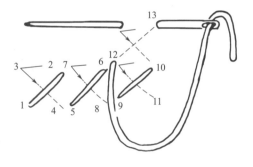

图2-1-65 十字挑花针法（横列式）

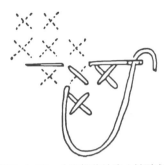

图2-1-66　十字挑花针法（斜列式）

图2-1-67　民族服饰上用十字挑花绣完成的图案

图2-1-68　现代服饰上刺绣工艺技法的直接运用（一）

图2-1-69 现代服饰
上刺绣工艺技法的直接
运用（二）

图2-1-70 现代服饰上
刺绣工艺技法的直接运用
（设计师：郭培）

图2-1-71　现代
服饰上刺绣工艺技
法的直接运用
（设计师：郭培）

图2-1-72　现代服饰上刺绣工艺技法的直接运用（设计师：郭培）

　　制作百褶裙的皱褶处理工艺也非常值得一提，我国西南地区的少数民族多穿百褶裙，传统的百褶裙是用手缝针一针一线抽褶完成，通过缝制线迹进行抽褶，完成后要将抽好褶的裙子捆绑起来，裙腰和裙摆处用腰带扎紧，穿的时候再打开，就形成了挺直、自然而又富有弹性的百褶裙。了解和熟悉这类工艺对现代服饰设计有很大帮助（图2-1-73～图2-1-76）。

　　图2-1-77～图2-1-79中短裙的腰部以下的部分借鉴了特殊的民族传统服饰浆压褶的工艺手段，塑造出立体空间造型的百褶裙，朴实的传统技艺得以展现。

图2-1-74 制作完成后的百褶裙之一（苗族）

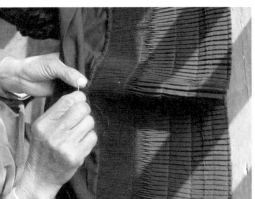

图2-1-75 制作完成后的百褶裙之二（苗族）

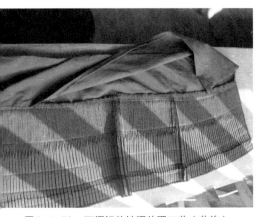

图2-1-73 百褶裙的皱褶处理工艺（苗族）

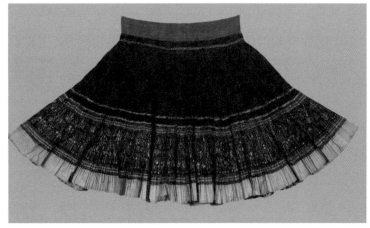

图2-1-76 制作完成的百褶裙之三（苗族）

图2-1-77 "无用"巴黎高级时装周发布会上的作品（一）

图2-1-78 "无用"巴黎高级时装周发布会上的作品（二）

图2-1-79 "无用"巴黎高级时装周发布会上的作品（三）

民族传统的配饰装饰工艺很盛行，工艺技术也非常精湛，从古至今保持了鲜明的民族艺术风格和特色。很多民族在配饰的装饰上投入了家里全部财力，有的民族甚至把配饰看得比衣服还重要，哈尼族、苗族、藏族、蒙古族、裕固族等民族女子头上、身上的饰品远远超过了一套服装的价值。这些配饰材料大多为天然的玛瑙、绿松石、红珊瑚、银等，通过民间匠人一系列手工加工制作而成（图2-1-80～图2-1-87）。

单一的民族配饰装饰工艺在作为现代主题呈现时，设计师应当考虑随着当下社会审美需求的变化而做转移，现代社会的热点问题和流行趋势在工艺发展中做主要取向。

图2-1-80 贵州西江地区银饰品制作工艺

图2-1-81　蒙古族姑娘佩戴的配饰

图2-1-82　藏族姑娘佩戴的配饰

图2-1-83　瑶族姑娘
佩戴的银挂饰

图2-1-84　苗族姑娘服装上银饰装饰繁多

图2-1-85　中国台湾高山族泰雅人的贝衣

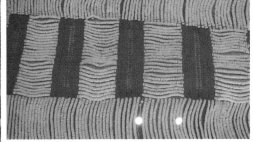

图2-1-86　中国台湾高山族泰雅人的贝衣细节

图2-1-87　塔吉克族银胸饰

图2-1-88中的男装体现了现代服饰的一大热点——服装的中性化，它不仅体现在女士的着装上以代表女性社会地位的提高，在男装上更是表现得淋漓精致，图2-1-88中男装不再运用传统意义上的上衣面料，而是在民族配饰工艺的技术上加以结构的元素，类似中国康巴藏族的项链，在胸前占据一大片位置，展现了设计师别具一格的创新手法。

工艺除了上述几种外还有很多，这些传统手工艺手段运用到现代服装设计中时，工艺手段装饰的部分与没有装饰的部分形成了繁简的对比，这些装饰的部位变成了视觉中心，提高了服装的观赏性，可以从这些工艺中选取适合现代审美或机器化大生产的种类，进行工艺改革。在时尚界，民族服饰工艺在现代服装上的运用也从未间断过，设计师们必须对民族工艺有充分的了解，并与现代服装的实用性和审美观相结合，使设计更具现

图2-1-88　在民族配饰工艺的技术上加以结构设计元素的男装设计

图2-1-89　民族风格的现代时装设计作品之一（设计师：吴海燕）

代文化感。如图2-1-89为我国著名设计师吴海燕的设计作品，设计师巧妙地结合了民族传统装饰工艺技法，如同苗族女子头上那夸张发式、如同山寨少数民族颇具原始野性的项链，这种强烈的民族风格的设计为服装增添了无限的意趣。

从图2-1-90高级时装设计作品中，不难看出其中运用了中国民族服饰的装饰工艺方法，裙摆周边一排细细的串珠做装饰，在衣服或者裙摆边缘装饰细小的饰边，模特佩戴悬垂的大耳环、多层项圈和各种颈饰，与中国传统民族服饰异曲同工，如出一辙。

图2-1-90　具有民族风情的高级时装设计作品

# 二、打散重构法

打散重构法在民族风格服装设计中是常用的手法之一，可以分别从服装的款式、色彩和纹样三方面进行分析。

## （一）款式打散重构

款式打散重构是民族服饰进行创新设计的重要手法，这是在充分了解民族服饰的穿着方式和结构款式的基础上，将民族服饰的基本款式特点进行归纳总结，改变其常见位置和常用的装饰手法，使用具有时代感的图案和色彩进行置换，使重新组合后的形象既具有民族服饰的影子又具有时代感和创新性。

如图2-2-1，以英国圣马丁艺术学院2013届毕业设计作品为例，这个系列的设计以中国苗族服饰为创新原型，结合了款式打散重构的创新手法，通过错位、分解、组合、夸张等形式，给人强烈的视觉张力。

图2-2-1　英国圣马丁艺术学院2013届毕业设计作品（设计者：李雪）

　　**范例一**（图2-2-2）：款式1中将苗族服饰中非常具有特色的宽下摆设计、袖子拼布设计等款式特点应用在男装设计中，在具体的应用中置换色彩和面料图案、面料质感，既保持了民族服饰特色又具有了鲜明的时代感。

　　款式2中对苗族绣片的巧用，将苗族女装中大量使用的绣片从常见的前胸、袖子移位到裙子的位置运用在男装设计中，既保留了苗族服饰中围裙的结构又通过绣片直接披挂在长袍之外（并没有缝接成真正的裙子），营造具有当下时代气息的时尚造型。

　　款式3中，将苗族服饰衣身、衣袖连裁的结构特征，宽松挺括的整体造型，结合不对称的裁剪方式、不对称的色彩搭配和面料肌理营造时代感和时尚气息。在这个款式的设计中特别值得一提的是衣服后背下摆的设计——将苗族妇女用来背小孩的背包形式也作为服装的结构运用到设计中，将背包的式样使用在外套的下摆上，让人感觉整个服装呈现出中心下移、慵懒的时尚气息。

　　再如款式4中裙子的造型，也是将苗族服装中百褶裙的基本款式进行重新打散、重新组成的结果。用这种方法开展的设计具有很强的实验性、创新性，甚至叛逆性，让我们在享受视觉盛宴的同时也会产生对这个世界的思考，这也是民族风格服装设计的生命力所在。

　　**范例二**：以孟君的毕业设计作品为例，作品中以白族传统女性服装中围裙的设计、苗族服饰中袖子上常见的拼接设计、苗族传统服饰百鸟衣中的结构等为原型，通过巧妙地打散重构，将其结构变形、置换、重组后获得新的形象，形成了既具有民族服装的影子又充满时代感的服装创新设计（图2-2-3～图2-2-6）。

图2-2-2　以苗族服饰为原型款式打散重构、色彩打散重构的创新作品
（英国圣马丁艺术学院2013届毕业设计作品，设计者：李雪）

图2-2-3 民族风格服装设计作品（一）
（设计师：孟君）

图2-2-4 民族风格服装设计作品（二）
（设计师：孟君）

图2-2-5 民族风格服装设计作品（三）
（设计师：孟君）

图2-2-6 民族风格服装设计作品（四）
（设计师：孟君）

本系列为四川美术学院研究生拔尖计划中的课题《民族服饰文化研究与当代性创新设计》中的部分作品，课题旨在将民族服饰文化与当代流行时尚结合起来，以达到地域性与潮流性完美结合的状态。

图2-2-3款式中裙子下摆的设计，是借鉴白族传统女性服装中围裙的设计（图2-2-7），将常见的围裙只保留其大概的形状，改变其比例关系，改变面料和装饰工艺，将其与当代时尚结合起来，这样就形成了既具有民族服装的影子又充满时代感的服装创新设计。

图2-2-7　白族传统女性服装中的围裙

图2-2-4款式中则是将苗族服饰中袖子上常见的拼接设计（图2-2-8）变换位置、颜色和图案，只保留其基本形态，用更具有时代感和新意的图案纹样装饰手法将其应用在腰身设计上，通过几种不同宽窄的条形拼接营造出苗族传统服饰中绚烂和复杂的感觉。

图2-2-8　苗族服饰中袖子上常见的拼接设计

图2-2-9 将蒙古族服饰打散重构的设计

图2-2-10 将藏族服饰打散重构的设计

　　图2-2-5款式则是借鉴了苗族传统服饰百鸟衣中的结构，将其结构变形、置换、重组后获得新的形象。

　　款式打散重构的案例还有很多，如图2-2-9的设计，非常明显是将蒙古族传统服饰的款式进行了打散再重构，从服装的造型和帽饰上仍然可以看出蒙古族服饰的特点，却又有现代的形式语言。

　　又如图2-2-10的设计，款式既时尚又有民族特色，很显然，它是由藏族服装款式演变而来。藏族人们由于气候特点形成服饰习惯，即在天热的时候将长袖系在腰处，现代时装保留了这种服饰的穿着特色，使得服装在腰部成为重点设计部位和视觉中心。

## （二）色彩打散重构

　　色彩打散重构是将民族服装元素进行创新开发的另一个重要手段，其含义即将民族服饰的色彩提炼后再按照新的图形和比例进行重新组合，形成既具有民族风格特点又具有时代性的新图案纹样。

范例一：以下是将民族色彩打散重构的一个范例，该作品以少数民族织锦（图2-2-11）为色彩提取原型，将织锦中的主要色彩进行归纳提取成小的色块。

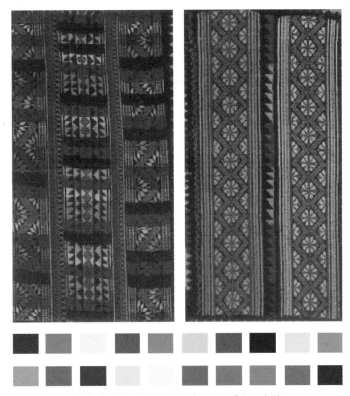

图2-2-11　少数民族织锦及提取成小的色块

接下来选择低明度、低纯度部分色块按照新的形式造型将其重新组合得到了第一种效果（图2-2-12），选择高明度、高纯度色块按照新的形式造型重新组合得到了第二种效果（图2-2-13）。

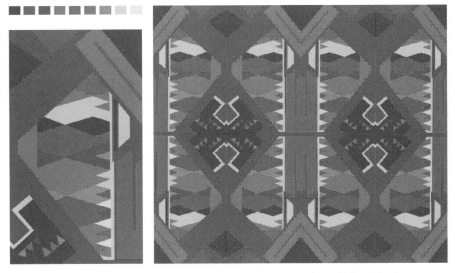

图2-2-12　选择低明度、低纯度部分色块按照新的形式造型将其重新组合

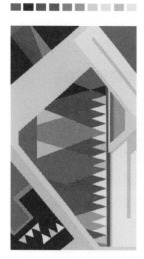

图2-2-13　选择高明度、高纯度色块按照新的形式造型重新组合（设计者：包旭虹）

在该实验作品中可以看到，不管是新得到的第一种效果还是第二种效果，尽管在造型上与色彩原型不再相同，但是因为继承了相同的色彩体系，有着强烈的民族风格。同时也因为重新组合后加入了具有时代感的几何造型元素，让民族风格的色彩具有了时髦面孔。

这些图案可以用来作为服装面料的花形设计，适合于具有民族风格倾向的服装设计开发。随着服装产业发展的逐渐成熟和市场竞争的日趋激烈，服装面料花型的开发越来越受到服装品牌商家的关注，研发具有品牌自身风格特点的服装面料花型成为市场竞争中的重点。

**范例二：**以下是将色彩打散重组的另一个范例，该案例以一块少数民族挂毯为色彩提取的模本（图2-2-14），将挂毯配色中最具有代表性的桃红、天蓝、草绿、嫩绿、柠檬黄等色彩提取出来，列成色标。在新的图形骨架中这些颜色在保持色相和纯度不变的情况下，按照新的比例重新搭配组合，形成新的图案和色彩配置关系（图2-2-15）。由此新得到的图案在色彩感觉上保持了非常强烈的民族感觉，但是其形态和图案又充满了当代性。这种抽取色彩、置换图案和结构骨架的色彩打散重构是将民族色彩体系创新的重要方法，也是继承和传承民族服装文化体系的重要手段。

图2-2-14　少数民族挂毯

图2-2-15 色彩提取重新搭配组合形成新的图案和色彩配置关系（设计者：高银燕）

**范例三：**以下是色彩打散重构的第三个范例，本案例以传统服装中的龙纹刺绣图案为色彩提取的范本。将该图案中具有代表性的钴蓝、桃红、浅灰、草绿、土黄等色彩提炼总结出来，列成色标，然后应用于新的图案结构中（图2-2-16～图2-2-18）。

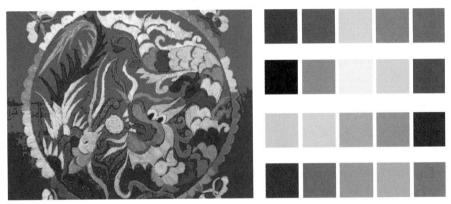

图2-2-16 传统服装中的龙纹刺绣图案　　　　图2-2-17 提取范本的色彩

图2-2-18 提取的色彩应用于新的图案（设计者：胡佳佳）

虽然整个过程有点枯燥和繁杂，但是在实际的教学过程中发现，将民族图案打散，提取具有代表性颜色的色标，按照新的图案结构将其重组，是既能保持色彩的民族感觉，又能使新图案具有时代性和时尚感的捷径。将这些具有特色的图案和色彩设计应用于具体服装设计中，也会使服装具有传统与现代、民族与时尚相结合的独特魅力。

图2-2-19的服装设计作品中，服装的色彩艳丽浓烈，视觉冲击力很强，经过前面的色彩分析，不难看出此系列作品借鉴了民族服饰的传统色彩，但不是原版照搬移植，而

是通过色彩的打散重构方法来完成，设计师巧妙地在现代时尚的款式中融合了传统元素，充分地演绎出传统与现代的和谐统一关系（图2-2-20）。

图2-2-19　色彩打散重构的创新设计作品（一）（设计师：张肇达）　　图2-2-20　色彩打散重构的创新设计作品（二）（设计师：张肇达）

## （三）纹样打散重构

纹样打散重构是指将民族图案打散，提取其图形的局部元素，按照新的图形构成骨架将其重新组合形成既具有民族特色又充满时代气息的图案设计。图形骨架的运用是人类对于自然形态的再创造，具有强烈的现代工业感和秩序化，是人们表现具有反复节奏或规范化的美感形式的组织结构。图形骨架的形状一般都是方形，骨架的种类有表现规律性构成的重复骨架、渐变骨架、发射骨架等，有表现非规律性构成的密集、对比等骨架，还有表现规律性和非规律性构成的变异骨架。骨架的运用对于将民族纹样进行打散重构形成具有时代感新纹样有着重要的实践意义，下面以几个具体实例来讲述。

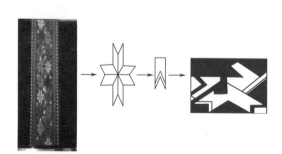

图2-2-21　从民族图案中提取图形元素

**范例一**：以下展示了从民族图案中提取图形元素到按照某种图形骨架重新排列组合，形成新的图案的整个过程（图2-2-21）。第一步先从民族织物中提取一个图形元素；第二步将该图形元素分解出最基本的构成部件；第三步将该构成部件重叠组合，用黑白关系进行表现。经过这三个步骤就得到了进行图形骨架组合的基本元素。

图2-2-22是三种不同的图形骨架，这些骨架形式可以按照自己的喜好进行设计，但是一定要保持一种规律性。如骨架设计1，采用方向变化与宽窄变化相叠加的方式，这种骨架具有双重性，是比较复杂的骨架结构。骨架设计2是比较单纯的宽窄变化规律，这种单纯的宽窄变化空间感、透视感比较强。骨架设计3是另外一种单纯的宽窄变化规律，形成了效果强烈的图案渐变效果。在这个图形提取重组的案例中，三个不同的骨架下，分别得到了三种不同的图案形式，但是不管哪一种图案，由于其组成元素来源于民族图案，它们都带有民族图案的一些感觉。与此同时，又因为构成的骨架具有强烈的现代工业感和秩序性，这些新得到的图案又不完全同于传统民族图案，而是具有了时代特色。

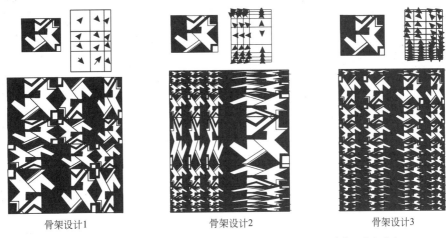

骨架设计1　　　　　　　　骨架设计2　　　　　　　　骨架设计3

图2-2-22　根据图形元素设计的三种不同的图形骨架（设计者：高银燕）

**范例二：**图2-2-23是民族图案纹样打散重构的另一个范例，在这个范例中，图形提取以传统的蓝印花布为原型。

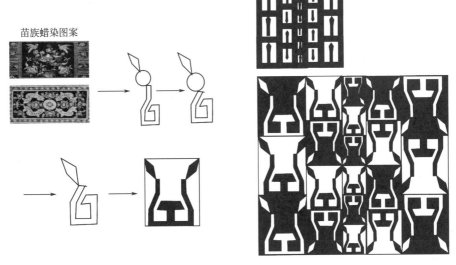

图2-2-23　以传统的蓝印花布为原型的民族图案纹样打散重构范例（设计者：胡佳家）

第一步，先从蓝印花布的图案中提取一个基本装饰元素，然后将该元素变形后正反组合，再将其黑白表现，便得到了一个新的图案元素，即我们后面做图案骨架重组的基本元素。

第二步，按照自己的喜好进行骨架设计。范例中的骨架设计是方向性与面积性双重对比关系的组合骨架。箭头方向代表图案元素的摆放方向，白色区域的面积代表图案元素的面积。

第三步，第一步中得到的图案元素，按照骨架结构组合便形成了新的图形样式。新得到的图形样式在保持了民族图案大感觉的基础上，也体现出了现代设计构成的规律感。

**范例三：**纹样打散重构的第三个范例，这个范例比较复杂，是从两个不同的民族图案中抽取三个不同的元素，得到线形图案后再设计图案骨架。

第一步，是从两个不同的民族图案中抽取三个不同的元素，分别是：>形、四边形和折线形。然后将这三个元素按照自己的喜好放置在一个矩形的轮廓中，这样就得到了线形图案，将线形分割，依个人感觉加入黑色部分便得到了黑白搭配的图形元素（图2-2-24）。

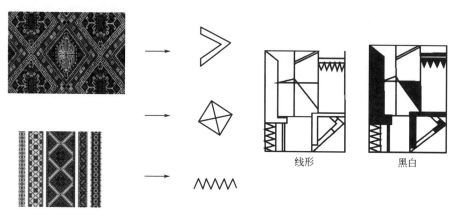

图2-2-24　从两个不同的民族图案中抽取三个不同的元素后经过组合形成图形元素

第二步，以从民族图案中得到的黑白图形元素为基础，设计图案骨架。在范例中，给出了三个不同的结构骨架，第一个骨架是方向对比和大小对比相叠加的骨架；第二个骨架是单纯的方向性骨架；第三个骨架是比较复杂的，在这个骨架中既有方向性排列，在面积方面又存在着比例递进关系（图2-2-25）。

图2-2-25　以从民族图案中得到的黑白图形元素为基础设计图案骨架（设计者：李娟）

通过上述三个具体实例的分析可以看到，将民族图案元素运用出现代感，纹样的打散与重构不失为一个有效手段。从民族图案中提取图形元素，经过重组再构、按骨架排列等步骤后会得到与原始民族图案完全不同的图形。在这个过程中，骨架的设计是至关重要的一步，它有助于实现民族风格图案的现代感。

图2-2-26~图2-2-28现代服装设计作品中，巧妙运用了纹样打散重构法，其中民族图案的图形成为服装中最为耐看、最为值得细细品味的地方，既为服装增添了文化内涵，又为服装增添了无限情趣。

图2-2-26　纹样打散重构的设计作品（设计者：胡斐迪、罗佩）

图2-2-27　纹样打散重构的服装设计效果图（设计者：陈芳）

图2-2-28　纹样打散重构的服装设计作品（设计者：雷晓敏）

# 三、联想法

　　联想法主要是指由某一事物想到另一事物的心理过程，或者是由当前看到的服装形态、色彩、面料、造型或图案的内容回想到过去的旧事物或预见到未来新事物的过程。在服装设计中，联想不仅能够挖掘设计者潜在的思维，而且能够扩展、丰富我们的知识结构，最终取得创造性的成果。联想的表现形式较多，有相似联想、相关联想和相反联想，它们都可以使设计者从不同方向来审视服装与服装之间的关联性和新的组合关系。

## （一）相似联想

　　相似联想也称类似联想，是指由事物或形态间的相似、相近结构关系而形成的联想思维模式。相似联想又可以分为形与形的联想、意与意的联想。

　　1.形与形的联想

　　是指两种或两种以上的事物在外形上或结构上有着相似的形态，这种相似的因素有利于引发外形与事物之间的联想，有利于引发想象的延伸和连接，有利于创造出新的形态或者结构，并赋予其新的意蕴。在进行服装设计的过程中，形与形的联想要抓住事物的共同点，即"形似"，利用事物的形似进行创意设计，这种方法对现代服装设计创意与表现具有重要的启示作用和应用价值。

　　如图2-3-1所示为设计师马可在1994年第二届兄弟杯的参赛作品《秦俑》系列，这个系列作品夺得了当年金奖。创作手法上是将真皮切成小块，用细皮条相连接，服装有些部分采用了传统的麻质面料夏布，设计师通过对作品造型、材质的巧妙处理，表现了古代秦俑朴拙威武的风采，给人一种古朴、悠远的历史联想。服装的造型个性突出，放在20年后的今天看来，依然能让人体会到服装的内涵美，设计师联想的内容被充分体现。

图2-3-1　1994年第二届兄弟杯的参赛作品《秦俑》系列（设计师：马可）

图2-3-2　2013年国际秋冬秀场Valention《青花瓷》系列礼服设计作品

图2-3-3　2012年国际秋冬秀场Mary
Katrantzou系列设计作品（一）

如图2-3-2为2013年国际秋冬秀场Valention《青花瓷》系列礼服设计作品，该设计灵感来源是设计师对现实的经验感受通过相似联想获得的启示。无论从服装的造型还是服饰色彩来看，都与人们熟知的"青花瓷器"有着惊人的相似，说明设计师对瓷器的美有着深刻的感受和独到的理解，作品的图形和造型色彩的处理表现出了极强烈的个性，创造性地诠释了《青花瓷》的设计主题思想。

图2-3-3、图2-3-4为国际服装设计师Mary Katrantzou的系列设计作品，与前面提到的Valention的作品有着异曲同工的效果。其中作品的图形和造型色彩的处理表现出了极强烈的个性，紧紧抓住了中国瓷器的神韵。

再看图2-3-5～图2-3-7的系列设计，设计师显然对自然界的枯荷有着美好的感受，荷叶向各个方向伸展、合拢的自然造型引发设计师对服装层次感的理解，叶脉呈发散状的流线形有着迷人的形式美感，朴素无华的色彩带给人生命的思索，设计师牢牢地抓住了这些感受，设计时曾做过多项实验，选择了多种面料，也采取过多种手段来塑造服装的形态，最终取得图2-3-7所示的较为满意的效果，很好地诠释了设计创意的主题，使人产生趣味性的联想。

图 2-3-4 2012 年国际秋冬秀场 Mary Katrantzou 系列设计作品（二）

图2-3-5　相似联想——形与形的联想系列设计草图（一）（设计者：谷云）

图2-3-7　相似联想——形与形的联想系列设计作品（设计者：谷云）

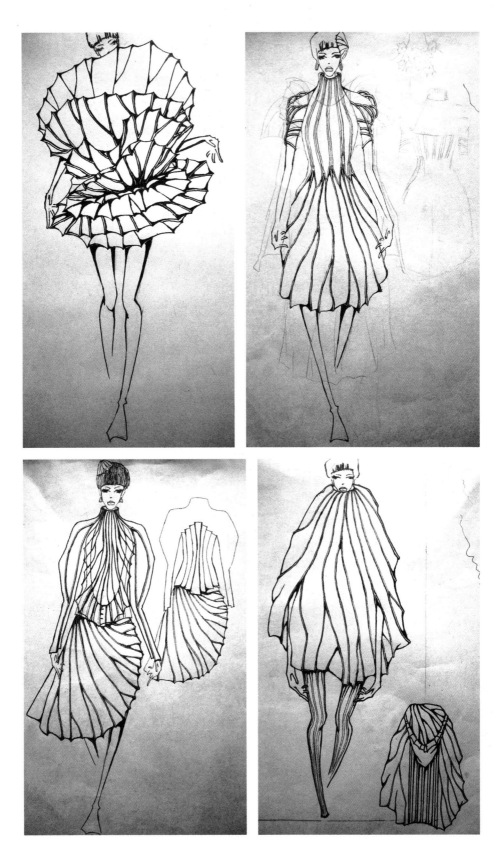

图2-3-6 相似联想——形与形的联想系列设计草图（二）（设计者：谷云）

图2-3-8 天意TANGY品牌的设计作品（一）（设计师：梁子）

图2-3-9 天意TANGY品牌的设计作品（二）（设计师：梁子）

## 2.意与意的联想

意与意的联想指两种或两种以上的事物虽然属性不同、结构不同、形态也不同，但却呈现出一定的相似意蕴。通俗话叫神似，感觉上是接近的、一致的。这种感觉是多方面的，包括视觉、嗅觉、味觉、触觉所感受到的效果，也可以是综合感觉出的效果。服装设计中，运用意与意的联想来表达创意的方法，也是经常用到的，它对揭示设计主题并发掘其内涵具有重要的作用和意义。

意与意的联想实质是在设计中不要拘泥于对"形"的表现，注重对"神"的理解和诠释，如图2-3-8、图2-3-9所示，作品为我国服装"金顶奖"设计师梁子设计的作品，梁子多年来一如既往地保持着自己独有的风格，作品采用传统面料莨绸，经过特殊而复杂的工艺处理，把中国传统的山水画、书法等文化精髓通过服装语言体现出来，重新演绎了传统与现代、古典与浪漫的情怀。再看图2-3-10为梁子在TANGY collection2014年春夏时装发布会的作品，也同样用传统面料莨绸为原材料，每一套服饰都如同一幅幅意境幽远的写意水墨画，向世人传达出了本土的精神文化内涵。

图2-3-10　梁子在TANGY collection2014年春夏时装发布会的作品

## （二）相关联想

　　相关联想是指两种或两种以上的事物之间存在着相关的联系或必然的联系而引发的想象延伸过程。注意这里的两种事物或两种以上的事物之间并不具有共同的特征。服装设计中，相关联想创作的作品具有一定合理性和必然性，能进一步凸显作品主题深邃的意念，能引发人们的注意力，并产生互动或者共鸣。

　　如图2-3-11所示为"汉帛奖"第19届国际青年设计师时装作品大赛的金奖作品，张碧钗的服装系列设计作品《释禅》，服装汲取唐卡中出现的繁复装饰，采用了薄如蝉翼的真丝和加厚真丝双面缎，并使用高科技激光技术切割出类似唐卡的传统图案，塑造出浮雕立体祥云，这是一种视觉和触觉都呈凹凸感肌理。设计师用半剪半镂半浮雕立体的现代设计手法演绎了古老的宗教主题，把禅的静穆表现得淋漓尽致，让人联想到禅宗背后的永恒精神。

图2-3-11　"汉帛奖"第19届国际青年设计师大赛金奖作品《释禅》（设计者：张碧钗）

图2-3-12、图2-3-13是学生的课堂练习作业，这个系列作品名为《融》，作者创作时候被我国特有的传统麻质面料——夏布所打动，感觉它很适合表现中国传统文化的思想，于是选取了半透明的天然麻材料，借鉴采用民族服饰中多种特殊的工艺手法，制作出自然的皱褶，仿佛不经意地忽隐忽现，这种半透明状的含蓄的肌理效果既有着浮雕般的凝重感，又有着飘渺的虚云禅意，给作品增添了深远而又神秘的东方韵味，给人以视觉享受乃至心灵的净化。

图2-3-12　民族风格系列设计作品《融》（一）（设计者：刘晓慧）

图2-3-13　民族风格系列设计作品《融》（二）（设计者：刘晓慧）

图2-3-14～图2-3-16为郭培2013年"龙的故事"一千零二夜的高级定制发布会作品，作品运用了多种民间传统手工艺，包括刺绣、褶皱的处理等，并且在基本的中国古典款式基础上大胆塑造了各种奇特的造型，有的类似扇状的百褶裙摆，有的颇具气势的球状衣袖，有的为一道道立体柱状的拖地长裙，有的是夸张的帽饰，极尽奢华，夺人眼球。尽管服装在视觉上充满了戏剧色彩，但款式的造型、色彩及工艺的运用无不充斥着中国的韵味，时尚大气，视觉上给予人们强烈的冲击感，展现了东方民族精致又大无畏的精神气质。

图2-3-14　郭培2013年"龙的故事"一千零二夜高级定制发布会作品（一）

图2-3-15　郭培2013年"龙的故事"　　　　图2-3-16　郭培2013年"龙的故事"
一千零二夜高级定制发布会作品（二）　　一千零二夜高级定制发布会作品（三）

图2-3-17、 图2-3-18为 意大利著名设计师Just Cavalli在2013年秋冬米兰时装周上的展示作品，设计师的作品大量采用了中国元素，如龙形图案、莲花、祥云、虎纹、玉佩等，在这个国际舞台上向世界展现了东方神韵，使观者仿佛经历了一次中国文化的洗礼。

图2-3-17　Just Cavalli
2013年秋冬秀场（一）

图2-3-18　Just Cavalli
2013年秋冬秀场（二）

## （三）相反联想

　　相反联想是指具有相反特征的事物或相互对立的事物之间形成的想象延伸过程。要对一种事物从不同角度去观察和发现，理解隐藏在其背后的矛盾性、差异性，找出这种差异就是一个突破口，目的是为获得许多意想不到的结果，最终形成新的创意概念，才能让设计作品更加吸引人的兴趣。在服装设计中，运用相反联想方式来思考的，其设计作品大都具有独特的视觉效果和感受，这就是相反联想的独特魅力。

　　在国际时装舞台上，设计师们常常用相反联想的方式来展示其作品，如图2-3-19，这是在2012年巴黎的秋冬时装周上的作品展示，设计师德赖斯·范诺顿（Dries Van Noten）

对东方的民族元素进行了巧妙构思，他用数码相机将伦敦博物馆里展出的有着中国古代祥云图案的龙纹服装拍下来，用切碎的方式形成不规则的几何图形，将其数字打印到丝绸和马特拉斯织物上，鲜明的线条，简洁利落的裁剪，仙鹤在带腰带的军式上衣上展翅欲飞，凤凰盘旋在袖子上以及其他地方的金龙图案，虽然灵感来源于传统文化，但是极简的外套、修身长裤依旧是极具现代的款式。如此巧妙的设计，让设计师很好地表现了古典与现代、东方与西方的交融与"矛盾冲突"。

　　图2-3-20是中国台湾设计师吴季刚的设计作品，这个系列作品用到了很多中国元素，朱漆大门中鱼贯而出的模特、祥云印花、缀着红流苏的"官帽"。吴季刚将中国归纳成三个不同的意向：第一是"军事化的中国"，人人都穿着类似中山装那样的年代；第二是清代的中国，历史的重现；第三是20世纪30年代好莱坞电影中的中国。暗绿色与中国红的搭配打造了意向中强势并且严谨的中国女性。将中国的传统观念和世界时尚观念并置，突出矛盾与统一性，给人产生强烈的印象。

图2-3-19　Dries Van Noten 2012年巴黎秋冬秀场

图2-3-20　中国台湾设计师吴季刚的设计作品

# 四、再创造法

　　服装是一种文化，凝聚着一定的文化素养、文化个性和审美意识，民族风格服装设计的再创造法就像是在民族传统文化与现代服装之间搭建了一座桥梁，设计师将传统文化作为现代服装发展的背景和动力，在吸收大量传统养分的基础上，融入现代的审美意识和个性表达，转化成具有深邃的民族精神又有时代气息的时尚艺术。在设计现代服装时，再创造法主要可以分为以下三个方面进行再造。

## （一）图案再创造

　　我国传统图案个性鲜明，形式多样，颜色丰富，是现代服饰图案的根基。在设计之前，我们首先要通过图案再创造的练习，由临摹到变形到再创作三个阶段。临摹经典传统图案，是为了学习具有传统民族精神内涵的图形形式和视觉语言，掌握民间传统纹样的基本规律，从题材内容、形式结构、色彩配置、材料工艺、风格特点、审美价值等方面的学习中去感悟民族民间艺术的创造精神，体验装饰美感。因此，除了少数民族服饰图案外，还有相关的传统建筑图案、青铜纹饰、传统陶瓷纹样、剪纸图案、脸谱纹样、瓦当图形、篆刻等都是很好的临摹题材，通过变形到再创造后的图案都将是设计师以后创作的材料库。图2-4-1～图2-4-15均为学生在课堂上的练习作业，展示了通过临摹和理解分析原图案再到创作新图案的过程。

图2-4-1 青铜器图案的变化创作练习（学生课堂作业）

图2-4-2 青铜器纹饰的变化创作练习（一）（学生课堂作业）

图2-4-3 青铜器纹饰的变化创作练习（二）　图2-4-4 青铜器纹饰的变化创作练习（三）
（学生课堂作业）　　　　　　　　　　　　（学生课堂作业）

图2-4-5　青铜器纹饰的变化创作练习　　图2-4-6　青花瓷纹饰的变化创作练习
（四）（学生课堂作业）　　　　　　　　（学生课堂作业）

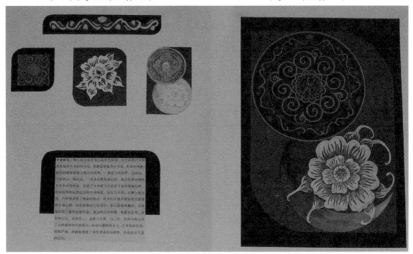

图2-4-7　民族服饰图案的变化创作练习（一）（学生课堂作业）

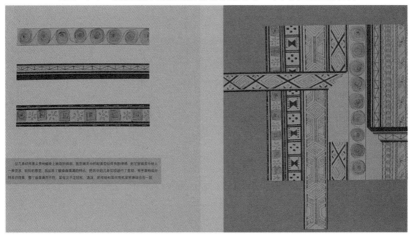

图2-4-8　民族服饰图案的变化创作练习（二）（学生课堂作业）

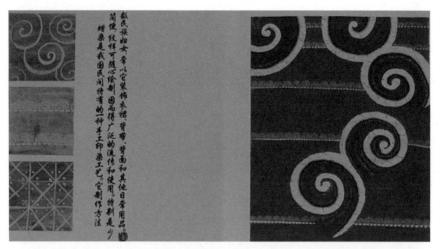

图2-4-9　民族服饰图案的变化创作练习（三）（学生课堂作业）

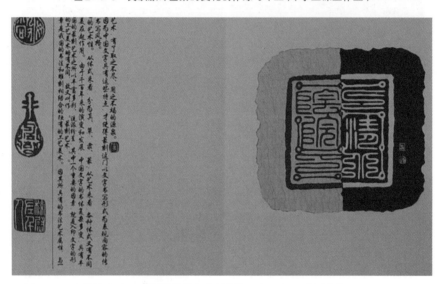

图2-4-10　篆刻纹饰的变化创作练习（一）（学生课堂作业）

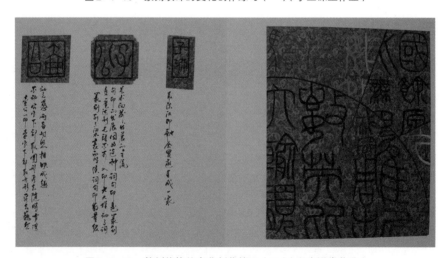

图2-4-11　篆刻纹饰的变化创作练习（二）（学生课堂作业）

图2-4-12　脸谱图案的变化创作练习（一）　图2-4-13　脸谱图案的变化创作练习（二）
（学生课堂作业）　　　　　　　　　　　　　（学生课堂作业）

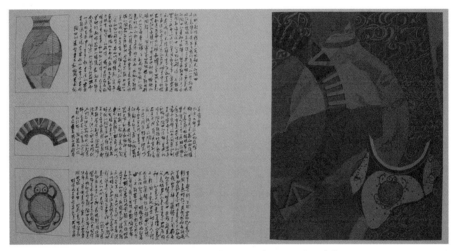

图2-4-14　陶器纹饰的变化创作练习（学生课堂作业）

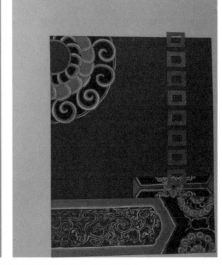

图2-4-15　建筑装饰图案的变化创作练习（学生课堂作业）

通过以上图例可看出设计师需要不断地从传统图案中汲取养分，从中了解我国传统文化的内涵，总结传统图案构成上的形式法则、配色规律和纹样艺术特点，去粗取精，同时用另一种审美来改善，以此丰富我们的设计。将图案再创造法结合现代服装设计可以分别从以下几方面入手。

一方面从民族服饰具象的图案里提取原形中最具典型意义的元素，然后在此基础上加以夸张、修饰、打散和重构，达到重创的目的，提取和借鉴民族元素，要符合图案的用色规律和图案的构成规律。

民族图案的用色大多明艳，对比强烈，极具装饰美感，在提取民族图案的色彩进行再创造时，可以选取一两个主色，或者采用色彩明快、对比强烈的用色方法，不能只追求形式想象而没有时代感，也不要为了寻求时尚感而脱离了民族特色的影子。图2-4-16是学生的课堂作业，在服装的平面结构设计中通过色彩分割，分别保留了具有强烈个性的民族色彩，改变原来的民族图案气氛，运用分割色块的装饰手法，自由地在服装上安排各个部分的面积，使服装看起来时尚、明快、简练、多变，具有时代性特征。

图2-4-16　民族图案色彩分割组合设计练习图

实际设计应用中，民族风格特色自然浓厚，不过无论图案的色彩与造型怎么变化，要注意服装色彩的设计始终是在保留民族图案的用色规律的基础上进行的，如图2-4-17和图2-4-18，通过把握典型形态的图案和色彩的位置安放来实现设计师的想法。

主题：别具一·色

图2-4-17　民族风格服装系列设计（一）（设计师：黄帅）

图2-4-18　民族风格服装系列设计（二）（设计师：胡兰）

　　研究民族风格的图案会发现，传统的民间图案有其自身的规律形式，不论是写实的还是写意或抽象的，都具有很强的形式美感，因此装饰性极为强烈。在借鉴民族图案用于现代服装中时，要注重设计的创新性，要在保留其基本规律的前提下，巧妙地利用其特点进行变化，会使服装的整体效果更加丰富多彩。图2-4-19～图2-4-21是学生的课堂练习作业，图2-4-19依然是用服装的平面结构图来表现民族风格图案的变化形态，图2-4-20和图2-4-21是用服装效果图来表现图案的形态位置，可以看到，原有的传统图案已不再出现，但却给我们强烈的民族气息，因为呈现在眼前的是有着民族风貌的时尚新颖重创的图案，它们被安置在适合的位置，起着强烈的装饰效果。

图2-4-19　运用传统图案基本形态开展变化的裙装平面设计练习作业

图2-4-20　运用传统图案基本形态开展变化的效果图练习作业（一）（设计者：刘芳）

图2-4-21　运用传统图案基本形态开展变化的效果图练习作业（二）（设计者：王学庆）

另一方面是以民族图案中的几何抽象形态进行演变，对原始图案进行分解、取舍、联想，将元素重新组合修饰，在重构的各几何形之间形成一种秩序性的美感，重构图案也变得更简练，而富有现代形式美感。原始图案被切割分割运用在服装上，重新塑造了服装图案的秩序形式美感，使服装的整体风貌显得更有时尚感，但又不失民族内涵的独特性（图2-4-22～图2-4-25）。

图2-4-22　几何抽象图案经过取舍重新组合运用在服装设计中（一）（设计者：石超）

图2-4-23　几何抽象图案经过取舍重新组合运用在服装设计中（二）（设计者：石超）

图2-4-24　几何抽象图案经过取舍重新组合运用在服装设计中（三）（设计师：刘珊珊）

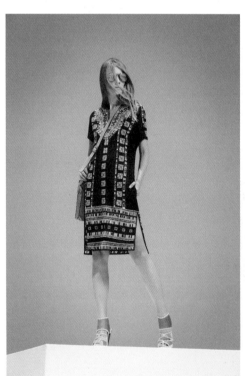

图2-4-25　几何抽象图案经过取舍重组运用在服装设计中（2013年欧美秀场bcbg max azria）

再就是借鉴民间艺术形式中的元素，在了解该艺术形式的生存状态、工艺材料、制作技法等的基础上，按照前面提到的通过图案再创造的方法，结合服装的表达方式来运用，但始终要把握民间艺术形式的神韵，如借鉴中国的戏剧脸谱艺术，可以抓住中国戏剧脸谱色彩艳丽、造型夸张、极具装饰之美的特点；借鉴民间剪纸艺术，要抓住民间剪纸艺术造型质朴个性、具剪影效果的特点等。然后我们再将经过再创造设计好的图案通过印染的方式安置在服装的适合位置。也可以通过刺绣、针织、特殊材料的拼贴、融合等手法来完成。目前许多设计师就结合了一些特殊的工艺形式来实现自己的想法。如图2-4-26为著名设计师武学凯的设计作品，服装中借鉴了剪纸艺术的表达形式，并运用特殊的工艺表现。又如华裔设计师潭燕玉的服装设计作品，她的设计因以东方古典元素和西方现代色彩的兼收并蓄而在国际时装舞台上闪耀生辉，图2-4-27这组作品就充分借鉴了京剧脸谱、民间剪纸的表达形式，

图2-4-26　服装中借鉴剪纸艺术的表达形式，并用特殊的工艺技法展现，将时尚设计与传统韵味巧妙地糅合起来

（设计师：武学凯）

图2-4-27　时尚与传统糅合的创新设计作品（设计师：潭燕玉）

并用特殊的工艺技法展现，将时尚设计与传统韵味巧妙地糅合起来，耐人寻味。

2015年6月23日，中国设计师曾凤飞携2016年春夏作品登陆米兰男装周，给大家呈现了一场中国风的视觉盛宴，在这些作品中，设计师选择了中国古代宫廷的"十二章纹"，运用刺绣、提花、印染等传统工艺，从独特的角度来诠释设计思想，作品现代而时尚（图2-4-28）。

图2-4-28　曾凤飞作品登陆2016年春夏米兰男装周

随着民族元素在时尚界被广泛采用，在服装图案的运用上，许多设计师充分利用了民族民间传统图案进行变化再创造，形成一种具有独特民族韵味的时尚。如图2-4-29为Valentino2016年早春度假女装系列，该系列作品将世界多个国家的民族风情融入一个系列服装，打破了以往民族图案的运用方式，以全新的再创作形式来演绎时尚，重新诠释了民族风格的国际时尚魅力。

图2-4-29　Valentino2016年早春度假女装系列

## （二）造型再创造

民族服饰之美，也充分体现在造型上，传统民族服饰大多保持了款式繁多、色彩夺目、图案古朴、工艺精美的鲜明特点。在现代服装设计中，对民族服饰造型再创造最能有效地体现民族风格服饰的创新性。造型再创造可以从三个方面入手。

### 1.廓形再创造

服装流行的演变最明显的特点就是廓形的演变，服装的廓形是指服装外部造型的大致轮廓，是服装造型的剪影和给人的总体印象，廓形上的改变再造最能给人耳目一新的感觉。常有的服装基本形态有H形、A形、Y形、X形、O形、T形。民族服饰的廓形通常是使用多种形态进行搭配组合，它的式样繁多，借鉴它多变的轮廓外形，可运用空间坐标法再创造：

在已有的民族服饰廓形中，选取一两个符合现代审美的廓形，移动人体各部位所对应的服装坐标点——颈侧点，肩缝点，腰侧点，衣摆侧点，袖肘点，袖口点，脚口点等，通过移动人体关键部位点，使原有廓形产生空间新的变化，得到新的服装廓形。

南方有些少数民族盛装时穿的服饰多为无领大襟衫或对襟衣，着百褶裙，围花腰围裙，腿部扎绑腿，这类民族服饰的服装廓形多为A形和X形（图2-4-30～图2-4-32）。图2-4-33～图2-4-35是以南方少数民族服饰为灵感来源，在设计中保留了南方少数民族服饰的廓形特点，注意了肩部、腰线、裙摆、边脚线各部位廓形空间大小对比和元素间位置的关系，并采用符号化的造型手段，融合当下时尚，大胆造型，简繁结合，体现了一种无拘无束的豪放的民族风格。

图2-4-30 苗族盛装服饰平面展开图之一

图2-4-31　苗族盛装服饰平面展开图之二

图2-4-32　苗族盛装服饰平面展开图之三

图2-4-33　以南方少数民族服饰为灵感来源的现
代服装设计作品（一）（设计师：谢珊珊）

图2-4-34　以南方少数民族服饰为灵感来源
的现代服装设计作品（二）（设计师：谢珊珊）

图2-4-35 以南方少数民族服饰为灵感来源的现代服装设计作品（三）（设计师：谢珊珊）

在移动坐标点时注意服装廓形变化可依附人体形态进行变化，比如肩部的袒和耸、平和圆，胸和臀部的松散和收紧，都需要结合人体结构，穿着在人体上要舒适。腰的变化比肩部要更丰富，可根据服装的风格来设计，腰的松紧与腰带的高低都要符合服装的整体风格。比如，束紧的腰部使身体显得纤细；轻柔、松散的腰部，则显得自由休闲。服装腰节线高于人体腰节，显得人体修长柔美；与人体腰节相对应，使人整体看上去自然端庄；而低于人体腰节，则给人轻松、随意的感觉（图2-4-36，图2-4-37）。

设计草图

图2-4-36　民族风格服装设计作品（一）（设计师：吴琼）

少数民族，给我留下的最为深刻的印象是其服装的斑斓色彩、夸张的发饰、头饰，此系列以长角苗为主展开系列的联想。

本系列命名为途，意在表达他们从历史的另一端，一路艰辛地走过来并且能够创造出如此美丽的服饰。五彩斑斓的色彩代表了他们对生活的美好充满向往。

图2-4-37　民族风格服装设计作品（二）（设计师：吴琼）

2.结构再创造

　　服装款式是由服装轮廓线以及塑形结构线和零部件边缘形状共同组成，因而服装结构设计也称为服装的造型设计，它包括服装衣领、口袋、裤裆等零部件以及衣片上的分割线、省道、褶等结构。民族服饰本身造型多样，可以运用结构再创造法，使原始的服装结构设计中的细节造型位置变化，以及工艺手段变化产生全新的服装效果。具体的方法有两种：变形法、移位法。

　　① 变形法是对服装内部结构的形状做符合设计意图的变化处理，而不改变服装原来的廓形，具体的方法可以用挤压、拉伸、扭转、折叠等对服装结构的形状进行改变，如三宅一生经典褶皱裙，运用挤压折叠面料，抽紧后形成褶皱，用不同的工艺手段表现服装材料的质感，当然其他方式的运用同样可以产生让人耳目一新的效果（图2-4-38～图2-4-40）。

　　② 移位法指的是把服装局部细节在保留其原有造型的条件下，将其移动到新的位置上，位置的高低、前后、左右、正斜、里外的变化会产生不同的服装效果，这种方法重新构成的服装往往有出人意料的效果，服装显得巧妙而独特，而具有独有的风格魅力。图2-4-41～图2-4-43是把藏族服饰作为创作灵感来源的设计效果图。

图2-4-38 强调服装内部结构变化的服装
设计作品（一）（设计师：李晓腾）

图2-4-39 强调服装内部结构变化的服装设计
作品（二）（设计师：李晓腾）

图2-4-40 通过多种服装工艺手法来表现服装的造型设计（设计师：胡兰）

图2-4-41 运用移位法进行的服装造型设计
之一（设计师：胡晓青）

图2-4-42 运用移位法进行的服装造型设计
之二（设计师：胡晓青）

设计说明:
此系列设计灵感来源于我国阿里地区的
藏族女子服饰。服装风格既有藏族服饰
粗犷、自由的神秘气息，又带有都市的
时尚感。设计采用阿里地区女子所特有
的头饰作为配饰烘托了此系列服饰的神
秘气质。

Vivian

图2-4-43 运用移
位法进行的服装造
型设计之三（设计
师：胡晓青）

3.局部再创造

服装局部设计一般针对于三个部分：领、袖子和门襟。一套服装的整体效果是由各个局部的部件造型设计组合而成，因此服装的部件造型对服装主体的造型影响很大，对于这些局部造型的设计除了要满足特定服用功能外，还要寻求一种装饰的美感，使它与服装整体造型相融合，形成协调统一的视觉效果。

**（1）领设计**

领作为服装造型中的重要部件，它也是服装的重要组成部分。领位置通常在视觉中心，领的再设计是以人体的颈部形状为基准的，除满足服用功能和装饰效果外，还强调突出服装的视觉效果和风格特征。

对于传统的民族服饰来说，领子变化不大，多采用古代服饰的剪裁方法，右襟加扣子，区别只在于扣子数量的多少。在对领子再改造时，根据服装的种类和风格，变换相应的领子形式，是有领还是无领，领线领还是连衣领，或是立领还是翻领，翻驳领还是趴领，都要根据服装整体效果而设计。

领的设计除了可以从造型结构上改造，还可以从装饰上丰富领子的变化，协调搭配服装的风格，可以用滚边、绣花、镶饰、镂空、拼色、镶花边、嵌条、贴亮珠片、盘扣、编结、包边、加毛边、镂空等方式进行装饰变化（图2-4-44～图2-4-47）。

图2-4-44 从结构上改造后的衣领造型设计（一）（设计师：席培）

图2-4-45 从结构上改造后的衣领造型设计（二）（设计师：罗佩）

图2-4-46 衣领造型设计作品（一）（设计师：罗佩）

图2-4-47 衣领造型设计作品（二）（设计师：马可）

**（2）袖子设计**

袖子也是属于服装的主体部分，袖子的设计必须符合人体结构，否则设计不合理会妨碍人体运动。另一方面，衣袖在整个服装造型中占比例较大，设计袖子时要考虑与服装是否协调。

少数民族服饰中的袖子造型通常是大袖，结构的设计上较为简单，多为连衣袖或者直身袖。在进行现代服装设计时，要结合现代时尚审美，重视袖子的结构造型的同时不能忽略与服装整体的关系，要认识到，局部始终是服从于整体的。如图2-4-48作品中的袖子造型虽然很个性突出，但从整体来看是和谐完美的，达到了视觉的平衡。图2-4-49为我国著名设计师马可的作品，其中袖形的设计融合了传统的观念，再结合现代时尚的审美，让人既能读懂作品的内涵，又能带来完美的视觉体验。

图2-4-48　袖子造型设计作品（一）（设计师：徐婉莹）

图2-4-49　袖子造型设计作品（二）
（设计师：马可）

**（3）其他局部造型设计**

其他局部造型设计还包括口袋的设计、门襟的设计、省道的设计、褶皱的设计等。口袋分贴袋、挖袋和插袋，其中贴袋的位置、大小和外形变化很丰富，比如贴袋造型可以有直角贴袋、圆角贴袋和多角贴袋等，可以设计成平面的，也可以是立体的，袋盖可以缝在袋口上，也可以缝在衣身上。口袋的装饰手法也有很多，如对褶、活褶、嵌条、绣花、拼色、滚边、系带、加坠、花边等。门襟也是服装中重要的部位之一，可以称为是服装的"门面"，门襟是服装前胸部位的开口，同样需要和服装的风格相统一。门襟的外观表现种类繁多，风格不一，设计时要注意门襟的风格。比如对称式门襟比较严谨，偏开式门襟则相对灵活，敞开式门襟洒脱自由，闭合式门襟比较规整实用等。除了在门襟位置上做变化外，还可以将门襟的形状设计成锯齿形、曲直结合形等。另外，也可以用层叠、抽褶、系扎等工艺手段将门襟处理成立体式门襟。省道和褶皱的设计实际上和服装的廓形有很大关系，它可以直接影响服装外轮廓造型，对服装的形态美起到至关重要的作用。如图2-4-50为民族风系列服装设计效果图，作品中服装的局部造型与整体风格协调一致，口袋和门襟的设计注重了形态美感，服装形态多通过省道和褶皱的运用呈现出来（图2-4-51，图2-4-52）。

图2-4-50　民族风时装设计作品效果图（设计师：徐婉莹）

图2-4-51　门襟设计中的变化——锯齿形门襟（设计师：彭吉玲）

图2-4-52　注重局部造型的设计作品（设计师：马可）

## （三）面料再创造

　　面料是用来制作服装的最主要材料。它作为服装三要素之一，既诠释了服装的风格和特性，又直接制约着服装的色彩、造型的表现效果。在服装设计行业，面料的运用和处理越来越突显出它的重要性。面料再造是指运用各种传统或者结合高科技手段对现有的服装面料进行创新性的设计加工，使其表面产生丰富的或崭新视觉效果。对于民族风格服装来说，面料的再创造更为重要，不同民族服装风格不同，面料的表达效果和加工方法也不同，进行民族风格服装设计时，面料再创造设计也就更为突出。民族风格服装的面料再创造是以民族服装风格特征为基础，根据各种面料的材质，融入设计师的智慧与手段而将面料的潜能发挥到最佳，使面料风格与表现形式融为一体，形成统一的设计风格。因此在进行面料再创造时，我们也必须考虑到面料是如何体现出民族风格特色的。

　　现代时尚流行趋势下，民族风格服装作为服装设计中的一种风格凸显出来，为现代设计的重点关注对象，它代表了服装的另一种个性的发展。现代服装设计师很多都是在民族文化的渗透中进行服装设计，不断将民族文化的美融合到现代的服装设计中，中国的民族服饰文化中的图腾、纹样、款式造型，不论是纤细婉约的还是粗犷豪放的都影响了现代服装设计的风格。因此，如何进行民族风格服装设计中的面料再造，为现代服装设计发展提供更广阔的空间，是现代服装设计师所普遍关注的问题。以下主要介绍5种面料再造方法。

　　1. 面料形态的增型效果设计

　　主要采用黏合、热压、车缝、补、挂、绣等工艺手段都能够形成的立体的、多层次

图2-4-53　亚历山大·麦克奎恩（Alexander McQueen）2011年秋冬女装巴黎发布会上的作品（一）

图2-4-54　亚历山大·麦克奎恩（Alexander McQueen）2011年秋冬女装巴黎发布会上的作品（二）

的设计效果。这种设计效果就是要改变面料的表面肌理形态，使其形成浮雕和立体感。如褶皱、折裥、抽缩、凹凸、堆积等，也可以将各种珠子、亮片、贴花、盘绣、绒绣、刺绣、绗缝、金属铆钉等多种材料组合运用。这种设计方法最为重要的一点是，一定要考虑哪种处理方式最适合你所用的面料，以确保取得与设计思想最为贴切的效果。如图2-4-53和图2-4-54为亚历山大·麦克奎恩（Alexander McQueen）2011年秋冬女装巴黎发布会上的作品，其作品用到了多种方式和多种材料组合，形成非常厚实丰富的视觉效果。图2-4-55～图2-4-59均是通过强烈个性的面料装饰手段来实现创意思想的作品，离不开面料形态的增型效果设计。

图2-4-55　面料形态的增型效果设计
（设计师：马可）

图2-4-56　以强烈个性的面料装饰手段来实现
创意思想（Givenchy2011年春夏高级订制）

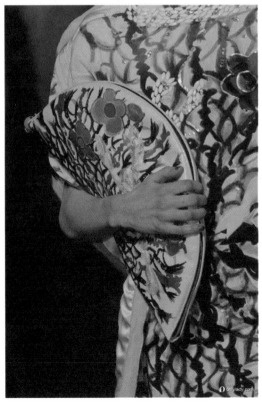

图2-4-57　面料形态的增型效果设计（一）

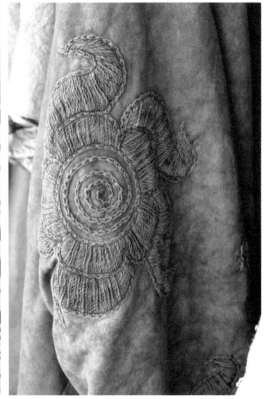

图2-4-58　面料形态的增型效果设计（二）

图2-4-59 郭培2013年"龙的故事"—千零二夜高级定制发布会作品

2.面料形态的减型效果设计

　　服装面料的减型设计是在原有面料上，通过抽丝、剪除、剪切、镂空、磨损、烧花、腐蚀、磨砂等手法除掉部分材料或破坏局部，使其改变原来的肌理效果，使服装更具层次感、空间感，形成错落有致、虚实相生的效果（图2-4-60）。这种方法实际上就是破坏成品或半成品面料的表面，使其具有不完整、无规律或破烂感等外观。如图2-4-61～图2-4-63的作品均是在面料上做减型处理的设计。

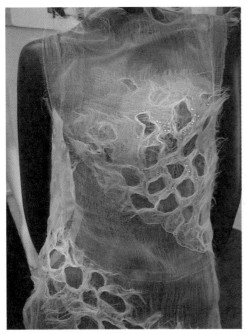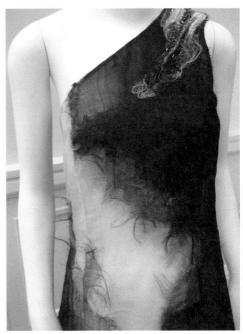

图2-4-60　服装面料的减型设计

图2-4-61　在面料上做减型处理的服装
设计作品（一）（设计师：易文德）

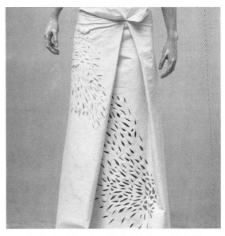

图2-4-62　在面料上做减型处理的服
装设计作品（二）（设计师：马可）

图2-4-63 在面料上做减型处理的服装设计作品（三）（设计师：马可）

3.面料形态的钩编效果设计

服装的钩编效果设计，主要借助于各种不同材质的线、绳、皮条、带、装饰花边，用钩织或编结等手段，组合成各种不同风格的作品，形成疏密、凸凹有致、纵横交错、对比强的视觉效果。如图2-4-64，作品中领、肩、胸部的面料就是运用了钩编织的方法进行设计，手工的材质感非常突出。图2-4-65作品中几乎全身均采用钩编织的方法，具有明显的个性语言。

图2-4-64 2013年北京大学生时装周作品（设计师：谢琳）

图2-4-65 2013年北京大学生时装周作品（设计师：曹慧君）

在服装设计效果图的表现上，勾编织的面料往往起到丰富视觉效果、增加肌理感的作用（图2-4-66～图2-4-68）。

图2-4-66　勾编织的面料表现设计效果图（一）（设计者：单丽欣）

图2-4-67　勾编织的面料表现设计
效果图（二）（设计者：许恩民）

图2-4-68　勾编织的面料表现设计
效果图（三）（设计者：许恩民）

### 4.面料的二次印染设计

利用扎染、蜡染、手绘、机器印染等不同的手法来对服装面料进行二次设计，从而达到丰富的装饰效果。现代服装设计中，我们可以看到许多设计师运用传统的印染工艺手法来对面料进行改造，而机器印染面料由于方便、成本低等优势也成了现代印染最主要的手段，如图2-4-69～图2-4-71，2013年欧美秀场中bcbg max azria的设计、2012年秋冬巴黎秀场中Givenchy的设计，都不乏在面料的二次设计上下足了工夫，面料上印出了清晰而有节奏感的图案，民族装饰风浓厚又很有现代形式美。

图2-4-69　通过印的手段改变面料外观的手法（一）（bcbg max azria 2013年欧美秀场）

图2-4-70　通过印的手段改变面料外观的手法（二）（Givenchy2012年秋冬巴黎）

图2-4-71 通过印的手段改变面料外观的手法（三）（安娜苏2013年欧美秀场）

现代服装设计中运用传统的染织工艺很多，如图2-4-72，是2013年美国春夏发布中Nicole Miller的作品，作品的面料纹样酣畅自然，这是通过染的手段改变面料外观的手法，充满自然的气息。

图2-4-72 通过染的手段改变面料外观的手法（Nicole Miller 2013年美国春夏发布）

在服装效果图的设计表达上，扎染、蜡染、手绘、机器印染等表现方式都能给服饰提供很好的设计效果（图2-4-73，图2-4-74）。

图2-4-73　通过印染的手段改变面料外观的手法（设计师：刘晗）

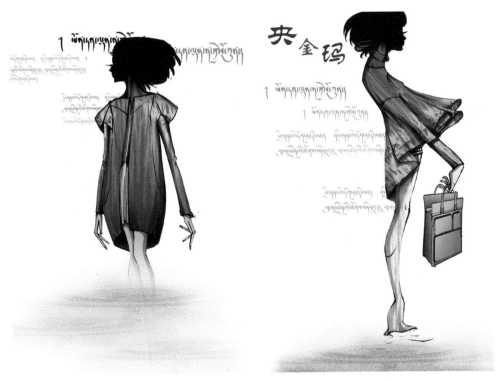

图2-4-74　通过染的手段改变面料外观的手法（设计师：雷晓敏）

5.面料形态的综合设计

在进行服装面料再创造设计时往往采用多种加工手段，如剪切和叠加、绣花和镂空的同时采用。中国的民族服装注重装饰效果，在传统服饰中的装饰尤为多，因此采用的加工手段和装饰多少是成正比的，总之，面料的再创造元素和手法是多元化的，褶皱、拼贴、刺绣、抽丝等综合起来制作更丰富的布面肌理。通过这些手法，可以获得更多的符合潮流动向的流行元素（图2-4-75～图2-4-77）。

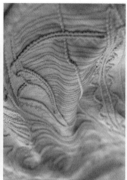

图2-4-75　面料形态的综合设计

图2-4-76　2013年北京大学生时装周作品（一）　　图2-4-77　2013年北京大学生时装周作品（二）
（设计师：宗洁）　　　　　　　　　　（设计师：李晓腾）

# 一、资料收集与分析

对于民族风格服装设计来说，资料的准备和收集当然不仅限于民族服饰范畴，前面提到的青花瓷、古代陶器、青铜器、传统建筑、书法、水墨画、瓦当、剪纸、皮影等都可作为灵感来源。资料的收集和分析方法都是一样的，由于笔者对民族服饰课题的研究已有十余年，曾到我国很多少数民族地区采风，积累了很多资料，所以在此以民族服饰为代表来分析讲解。

## （一）民族服饰考察

设计资料的收集与分析离不开实地采风，采风之前必须对我国少数民族分布有一个全面的了解，确定考察的地点，没有外出考察条件的可以通过文字资料、图片、影像资料来学习。当然无论是否外出考察，都必须对该民族做相关的文字资料查询准备，这是从宏观上对一个民族的理性认识：了解该民族的人口分布情况，主要聚居地，历史沿革，居住环境，宗教信仰，风俗人情，以及该民族和其他民族的联系和差别，比如与羌族有着族源关系的民族就有十四个之多。实地考察的地点通常要选择最有特色、最典型的地区，最好参加当地的民族节庆活动（表3-1-1），因为节庆期间可以收集到丰富的民族盛装资料，以及感受到民族服饰存在的环境和价值。

表 3-1-1　云南少数民族重大节日简表

| 节日名称 | 民族 | 时间（农历） | 主要活动 | 地点 |
|---|---|---|---|---|
| 扎哩作 | 哈尼族 | 正月初一 | 祭祖、荡秋千、对歌、宴请 | 墨江 |
| 扩拾节 | 拉祜族 | 正月初一 | 接新水、跳芦笙舞、狩猎 | 澜沧、孟连 |
| 花山节 | 苗族 | 正月初三 | 对歌、跳芦笙舞、爬花杆 | 屏边、永善 |
| 赛歌会 | 傈僳族 | 腊月或正月上旬 | 赛歌、沐浴 | 怒江 |
| 目脑纵歌 | 景颇族 | 正月十五 | 跳文崩舞 | 潞西、陇川 |
| 棒棒会 | 纳西族 | 正月十五 | 赛马、竹木家具交易 | 丽江 |
| 三朵节 | 纳西族 | 二月初八 | 赛马、跳"阿哩哩"、野餐 | 丽江 |
| 插花节 | 彝族 | 二月初八 | 摘马缨花、插花、跳左脚舞 | 大姚 |
| 陇瑞街 | 壮族 | 三月间 | 物资交流、青年男女对歌社交 | 富宁 |
| 三月街 | 白族 | 三月十五 | 赛马、龙舟竞渡、歌舞 | 大理 |
| 祭大龙 | 基诺族 | 播种前（三月） | 跳鼓舞、竹竿舞、打陀螺 | 版纳 |
| 牛王节 | 布依族 | 四月初八 | 吃牛王粑、给牛散食、歌舞 | 罗平、富源 |
| 泼水节 | 傣族 | 公历四月八日 | 泼水、丢包、放高升、赛龙舟 | 版纳、德宏 |
| 绕三灵 | 白族 | 四月二十三 | 绕山、祭祖、跳霸王鞭、八角鼓舞 | 大理 |
| 转山会 | 普米族 | 五月初五 | 转山、歌舞、鸣枪 | 宁蒗 |
| 端阳节 | 藏族 | 五月初五 | 赛马、跳锅庄舞、弦子舞、野餐 | 迪庆 |
| 盘王节 | 瑶族 | 五月二十九 | 祭祖、歌舞 | 文山、红河 |
| 苦扎扎 | 哈尼族 | 六月 | 对歌、跳舞、祭天神、打磨秋 | 红河 |

| 节日名称 | 民族 | 时间（农历） | 主要活动 | 地点 |
|---|---|---|---|---|
| 火把节 | 彝族、白族 | 六月二十四、二十五 | 点火把、摔跤、斗牛、歌舞 | 石林、楚雄、大理 |
| 古尔邦节 | 回族 | 回历十二月 | 团拜、宰牛羊等 | 昆明等地 |
| 会街 | 阿昌族 | 九月十五 | 耍青龙、白象、跳象脚鼓舞 | 怒江、德宏 |
| 卡雀哇 | 独龙族 | 腊月 | 剽牛、祭天、跳锅庄舞、互邀作客 | 贡山 |
| 端节 | 水族 | 8月下旬至10月上旬 | 铜鼓舞、对歌寻偶 | 富源 |
| 拉木鼓节 | 佤族 | 腊月 | 拉木鼓、剽牛、跳舞 | 西盟沧源 |
| 刀杆节 | 傈僳族 | 二月初八 | 上刀山、下火海 | 怒江、保山等地 |
| 葫芦节 | 拉祜族 | 十月十五 | 芦笙舞、物资交流 | 澜沧 |
| 十月节 | 哈尼族 | 十月 | 祭祖、长街宴 | 红河 |
| 耶苦扎 | 爱尼人 | 六月 | 打秋千、跳舞、聚餐 | 版纳 |
| 采花节 | 傣族 | 公历四月中旬 | 采花献佛 | 景谷 |
| 祭母节 | 哈尼族 | 3月第一个属牛日 | 祭母、唱思母歌 | 思茅 |
| 密枝节 | 彝族 | 二月初八 | 祭龙树、野餐 | 石林 |
| 祭龙节 | 彝族 | 二月初八 | 跳芦笙舞 | 景谷 |
| 朝山节 | 摩梭人 | 七月二十五 | 祭拜女神、结交阿夏 | 泸沽湖 |

实地采风期间，资料收集的方式离不开影像记录，随身带着相机或录像机能在最短的时间记录下珍贵的瞬间，收集资料又快又多；此外还可以当场采用速写或绘线描图的方式记录，可以用笔记录下当时的信息、感受或测绘数据，以便将来使用。通过实地采风，可以让人得到丰富的感性认识。

民族服饰考察的内容不能只停留在服饰的款式和图案上，要深入地去分析考察，如要考察一个民族的服饰情况，要了解这个民族有哪几种服饰，每种服饰有何不同；该服饰的着装过程和步骤（包括头发的处理和装扮）；服饰材料和工艺情况（主要材料是什么？材料从哪儿来？预先做了哪些加工处理？服饰制作的工艺流程等）；服装每个部分的尺寸和比例关系（有必要带着软尺丈量，用笔记录）；服装上的图案名称、形状、寓意和装饰的部位（尽可能拍摄纹样单位完整的图片或手绘）；该服饰目前的样子与10年或20年之前相比，在造型、装饰和工艺上是否有变化？变化在哪些地方？该服饰传承的方式和意义，以及相关习俗和传说（如某些民族要举行成人换装，服饰的改变有其历史渊源和传说）；有必要的话，还可以亲自穿戴民族服装，对进入下一阶段的研究会大有帮助（图3-1-1～图3-1-9）。

图3-1-1　在彝族人过节期间去采风（图片拍摄：范文）

图3-1-2　通过实地采风来了解少数民族居住环境

图3-1-3　民族服饰工艺流程考察

图3-1-4　考察民族服饰款式特点

图3-1-5　民族服饰资料的收集方式之一——拍摄

图3-1-6　考察侗族服饰的着装过程

图3-1-7 考察民族服饰图案内容

图3-1-9 民族服饰实地采风

图3-1-8 考察民族服饰图案构成与工艺

## （二）民族服饰元素采集与归类

考察一种民族服饰，除了了解其历史沿革、风俗习惯、居住分布特点外，其服装款式、服饰色彩、服装结构、服饰图案及材料、工艺更是考察的重点，要求各种数据细致而真实，比如考察其服饰图案，要找到最有代表性、有特点的图案，理解其纹样构成特征、纹样特色、色彩规律、文化内涵，除了拍摄记录，还有必要以点带面进行临摹。对学设计的人来说，临摹看似很简单，其实临摹的过程也是学习的一种方式，临摹可以提高人的理解认识，学会如何欣赏比较。以上这些方式都可以称之为民族服饰元素采集。然后将采集的资料进行归类整理，是为以后查阅、分析研究做的准备工作。通过对民族服饰元素采集与归类，可以体会到民族服饰的个性及魅力所在，提高对民族服饰理性与感性的结合认识，为日后的设计创作打下良好基础（图3-1-10～图3-1-21）。

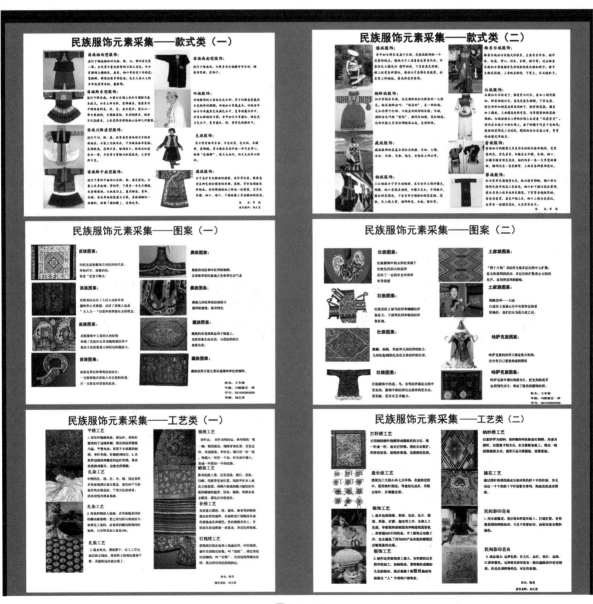

图3-1-10

图3-1-10 民族服饰元素采集与资料汇总

图3-1-11 纳西族服饰正前方着装效
果手绘稿（绘图：李霞）

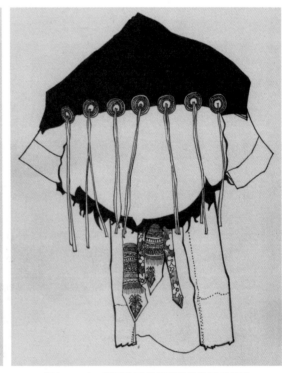

图3-1-12 纳西族服饰后背着装效果手绘稿
（绘图：李霞）

图3-1-13　贵州安顺苗族盛装服饰平面展开手绘图（绘图：刘晓慧）

图3-1-14　贵州革家蜡染图案手绘稿（绘图：刘晓慧）

图3-1-15 四川彝族服饰平面展开手绘稿（绘图：刘天勇）

图3-1-16　蒙古族盛装服饰着装效果手绘稿（绘图：刘晓慧）

图3-1-17　四川彝族服饰平面展开手绘稿（绘图：刘天勇）

图3-1-18 藏族服饰与配饰手绘稿（绘图：李霞）
1—藏族羊皮袍；2—藏族镶蜜蜡"热周"头饰上部分；3—藏族牛皮鞋子

图3-1-19 哈尼族服饰与配饰手绘稿（根据采风照片绘制）
1,2—哈尼族姑娘帽；3,4,5,6—哈尼族胸饰

图3-1-20 哈萨克族服饰与配饰手绘稿（根据采风照片绘制）
1,2—哈萨克族女帽；3—哈萨克族新娘的帽子；4—哈萨克族男靴

图3-1-21 傣族服饰与配饰手绘稿（根据采风照片绘制）
1—傣族银项圈和银护腕；2—傣族银腰带；3—傣族银挂饰；
4，5—傣族银披肩；6—傣族银挂链

## （三）分析研究

有了前一阶段的准备，我们已拥有自己收集到的第一手资料，将这些资料汇总整理后，就可以开展分析研究。分析的过程，也是提高自身审美修养的过程，也是对民族文化艺术了解的过程。认真总结民族服饰的配色规律、纹样特点、文化内涵、审美形式，从中汲取营养，从中找到自己的兴趣点，激发自己的创作欲望和热情（图3-1-22 ～图3-1-29）。

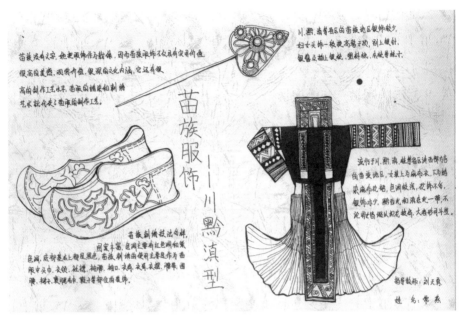

图3-1-22 苗族服饰分析研究手稿（绘图：常燕）

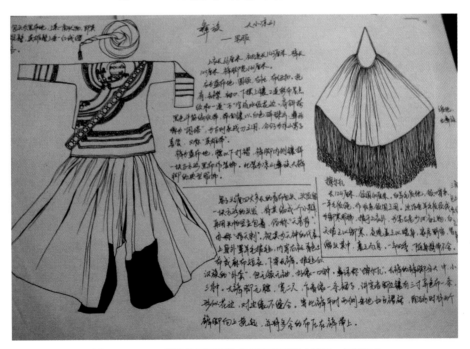

图3-1-23 四川彝族男子服饰分析研究手稿（绘图：杨舒涵）

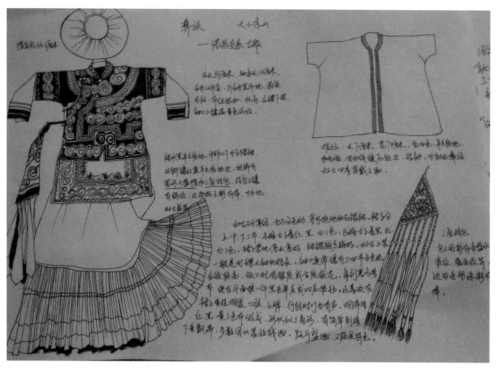

图3-1-24 四川彝族女子服饰分析研究手稿（绘图：杨舒涵）

图3-1-26 贵州苗族服饰结构分析研究图

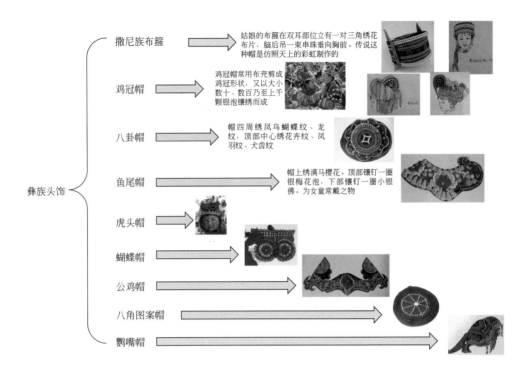

**彝族头饰**

- 撒尼族布籀 → 姑娘的布籀在双耳部位立有一对三角绣花布片, 脑后吊一束串珠垂向胸前。传说这种帽是仿照天上的彩虹制作的
- 鸡冠帽 → 鸡冠帽常用布壳剪成鸡冠形状, 又以大小数十、数百乃至上千颗银泡镶绣而成
- 八卦帽 → 帽四周绣凤鸟蝴蝶纹、龙纹, 顶部中心绣花卉纹、凤羽纹、犬齿纹
- 鱼尾帽 → 帽上绣满马樱花。顶部镶钉一圈银梅花泡, 下部镶钉一圈小银佛。为女童常戴之物
- 虎头帽 →
- 蝴蝶帽 →
- 公鸡帽 →
- 八角图案帽 →
- 鹦嘴帽 →

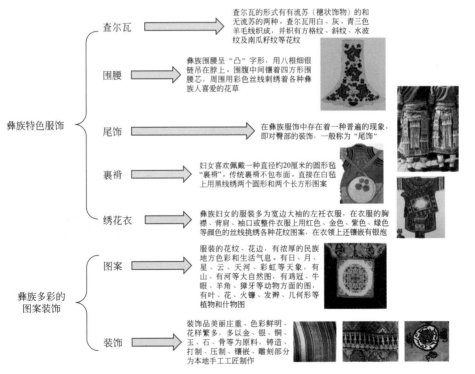

**彝族特色服饰**

- 查尔瓦 → 查尔瓦的形式有有流苏 (穗状饰物) 的和无流苏的两种。查尔瓦用白、灰、青三色羊毛线织成, 并织有方格纹、斜纹、水波纹及南瓜籽纹等花纹
- 围腰 → 彝族围腰呈"凸"字形, 用八根细银链吊在脖上。围腹中间镶着四方形围腰芯, 周围用彩色丝线刺绣着各种彝族人喜爱的花草
- 尾饰 → 在彝族服饰中存在着一种普遍的现象, 即对臀部的装饰, 一般称为"尾饰"
- 裹褙 → 妇女喜欢佩戴一种直径约20厘米的圆形毡"裹褙"。传统裹褙不包布面。直接在白毡上用黑线绣两个圆形和两个长方形图案
- 绣花衣 → 彝族妇女的服装多为宽边大袖的左衽衣服, 在衣服的胸襟、背肩、袖口或整件衣服上用红色、金色、紫色、绿色等颜色的丝线挑绣各种花纹图案, 在衣领上还镶嵌有银泡

**彝族多彩的图案装饰**

- 图案 → 服装的花纹、花边, 有浓厚的民族地方色彩和生活气息。有日、月、星、云、天河、彩虹等天象, 有山、有河等大自然图, 有鸡冠、牛眼、羊角、獐牙等动物方面的图, 有叶、花、火镰、发辫、几何形等植物和什物图
- 装饰 → 装饰品美丽庄重、色彩鲜明、花样繁多, 多以金、银、铜、玉、石、骨等为原料, 铸造、打制、压制、镶嵌、雕刻部分为本地手工工匠制作

图3-1-25　四川彝族女子服饰分析研究图

# 苗族服饰 —— 黔东型

## 银饰篇

银衣。即把做好的银衣缀在最好的花衣上。银衣上的银饰大致是四方形、长方形、半圆形的银片和银泡。在银片、银泡上通常都压有龙、鸟等浮雕花纹，衣摆下缘钉有带链的瓜子形银片，走起来细细作响。

银帽。主要由马排头围、银凤、银片、银花、银蝴蝶等部分组成。

银饰曾是辟邪祛秽、驱鬼镇明的象征，但是后来演变成贵现。银饰越多，便越富越美。种类繁多，整套银片都压有龙、8000克。银饰均由苗族银匠手工制作，造型生动，玲珑精美。保平安及光体的银饰。盛装装饰重达用银装饰。用银重达图案多为花鸟等动植物纹样，

图3-1-27　贵州苗族服饰银饰分析研究图

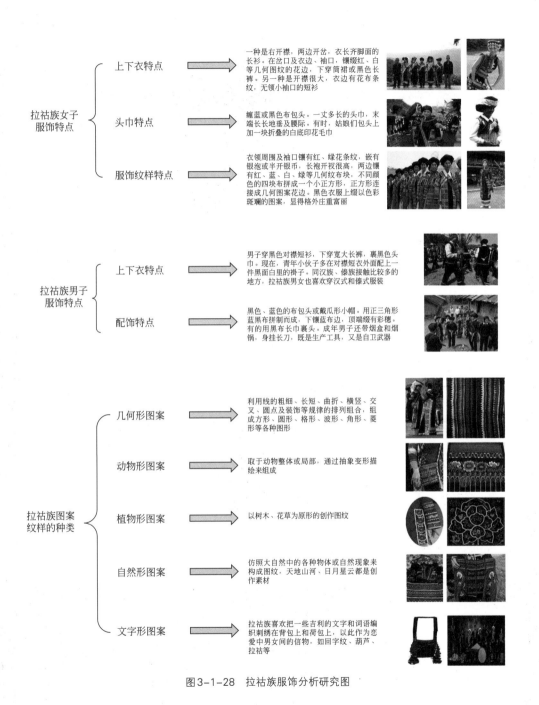

拉祜族女子服饰特点
- 上下衣特点 ➡ 一种是右开襟，两边开岔，衣长齐脚面的长衫。在岔口及衣边、袖口，镶缀红、白等几何图纹的花边，下穿筒裙或黑色长裤。另一种是开襟很大，衣边有花布条纹，无领小袖口的短衫
- 头巾特点 ➡ 缠蓝或黑色布包头。一丈多长的头巾，末端长长地垂及腰际。有时，姑娘们包头上加一块折叠的白底印花毛巾
- 服饰纹样特点 ➡ 衣领周围及袖口镶有红、绿花条纹，嵌有银泡或半开银币，长袍开衩很高，两边镶有红、蓝、白、绿等几何纹布块，不同颜色的四块布拼成一个小正方形，正方形连接成几何图案花边。黑色衣服上缀以色彩斑斓的图案，显得格外庄重富丽

拉祜族男子服饰特点
- 上下衣特点 ➡ 男子穿黑色对襟短衫，下穿宽大长裤，裹黑色头巾。现在，青年小伙子多在对襟短衣外面配上一件黑面白里的裰子。同汉族、傣族接触比较多的地方，拉祜族男女也喜欢穿汉式和傣式服装
- 配饰特点 ➡ 黑色、蓝色的布包头或戴瓜形小帽。用正三角形蓝黑布拼制而成，下镶蓝布边，顶端缀有彩穗。有的用黑布长巾裹头。成年男子还带烟盒和烟锅，身挂长刀，既是生产工具，又是自卫武器

拉祜族图案纹样的种类
- 几何形图案 ➡ 利用线的粗细、长短、曲折、横竖、交叉、圆点及装饰等规律的排列组合，组成方形、圆形、格形、波形、角形、菱形等各种图形
- 动物形图案 ➡ 取于动物整体或局部，通过抽象变形描绘来组成
- 植物形图案 ➡ 以树木、花草为原形的创作图纹
- 自然形图案 ➡ 仿照大自然中的各种物体或自然现象来构成图纹，天地山河、日月星云都是创作素材
- 文字形图案 ➡ 拉祜族喜欢把一些吉利的文字和词语编织刺绣在背包上和荷包上，以此作为恋爱中男女间的信物，如回字纹、葫芦、拉祜等

图3-1-28　拉祜族服饰分析研究图

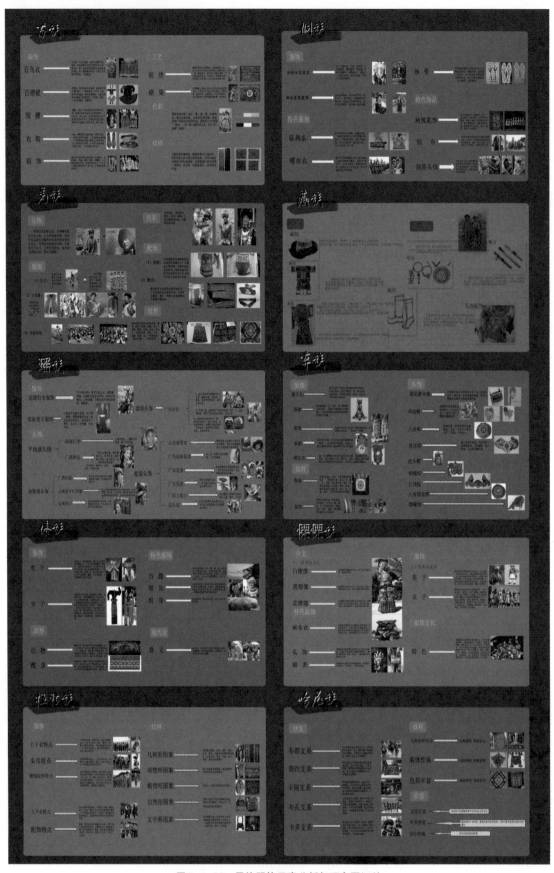

图3-1-29　民族服饰元素分析与研究图汇总

# 二、设计定位

2015年的春节几天假，只有大年三十除夕之夜，和留守在工作室为学习或路途遥远不能赶回家过春节的同学吃一顿团圆饭，算是过节了。其余的几天，给自己放假了。打扫打扫卫生，整理整理衣物……意外发现了几件1993年大学毕业时在北京王府井百货大楼买的几件手钩工艺衫。其中一件被我后来（由于本白色久而久之局部变黄的原因）染成了黑色小半长仿蕾丝花卉手工钩织半长连袖短衫，100%丝光棉，手感脆爽，工艺手法精致讲究，即使过了22年依然闪着一定的光泽。今天看来依然有着一种复古、东方民族、时尚的韵味。回想当时我应该是半价买的，40元人民币。大概当时也算很奢侈了。购买它，完全被服装所独有的传统手工技巧、令人爱不释手的天然材质和领先时代的美感与创意折服了。

之所以时间年份记得那么准确，大概是因为后来去大连工业大学上班第一天就穿着它。记得当时由于镂空没有穿衬衫。那个年代，有人赞美它着装后的性感、魅力。也有人否定，觉得有些夸张，不够保守。看来时装很像一本关于一个人的故事选集。

那么什么是"时装"呢？法语中的"时装"一词来源于拉丁语中的modws（意为举止、衡量），而英语中的"时装"是法语单词facon（意为举止、方法）的一种变体。也就是一套包括外表、风格和潮流在内的完整体系，一套用于（自我）展示你是怎样一个人的装备。

当今的时装业极为普遍。绝大多数城市都有时装和服饰的设计和生产，科技的发达、纺织业的繁荣都促进了时装业的革命性的发展，世界各地也都在努力培养时装设计师，以便迎合时装业不同项目、不同的预算开支等。

## （一）高级时装

高级时装（haute couture）——高级裁缝业，是为上流社会和富有阶层的人群，定制测量、手工缝制、量体定做的价格昂贵，代表服装市场的顶级服装产品。

"高级时装之父"英国人查尔斯·弗雷德里克·沃斯（Charles Frederick Worth）于1858年开设了世界上第一家以上流的达官贵人为对象的沙龙式高级女装店，成为巴黎高级女装店的奠基人。1868年又建立了高级时装联合会——巴黎高级时装协会。主要防止服装设计作品被抄袭，确保服装的品质、行业的规范的高标准要求。巴黎高级时装协会的成员必须严格遵守这些法令。任何加入协会的新时装品牌必须受到严格的审查、批准，才能冠以"高级时装"的商标。如今这些世界著名的服装品牌有：Versace、Dior、Givenchy、Chanel、Lanvin等。

由于高级时装的价格令人望而却步，使其存在的价值颇具争议。目前高级时装已经让位于高级成衣业，成为高级成衣、香水、服饰品和化妆品宣传促销的手段了，尽管如此，人们仍然会被梦幻般的高级时装作品所折服和深深地吸引（图3-2-1～图3-2-6）。

图3-2-1 "VOGUE" 2015年二月号（一）

图3-2-2 "VOGUE" 2015年二月号（二）

图3-2-3 "VOGUE" 2015年二月号（三）

图3-2-4 "VOGUE" 2015年二月号（四）

图3-2-5 "VOGUE" 2015年二月号（五）

图3-2-6 "VOGUE" 2015年二月号（六）

## （二）高级成衣

高级成衣（style风格成衣）指已经形成了的时代式样。与高级时装最根本的区别在于：高级成衣的生产是按照纯粹的商业目的、工业设计的原则，不必针对具体的顾客量体裁衣。消费者可以直接根据需求选择适合自己风格的尺寸不同、花色各异的服装。

在服装业中，高级成衣一般被认为具有很强的时尚性，制作工艺精良，有风格，表达一定的设计理念，品质上乘（图3-2-7，图3-2-8）。代表的设计师有卡尔文·克莱因、缪西亚·普拉达、川久保龄等。高级成衣品牌不像高级时装品牌那样，设计公司必须位于巴黎，并且每年两次的时装周，他们可以自由选择时装发布会的地点。

图3-2-7 "VOGUE" 2015年二月号（七）

图3-2-8 "VOGUE" 2015年二月号（八）

# 三、设计概念

## （一）主题概念

我旅行的时间很长，我的旅途也很长。
The time that my journey takes is long and the way of it is long too.

## （二）色彩与图案概念

植物为了繁殖，历经数亿年，终于进化出了"花"的形态。

For reproduction, plants have evolved into the 'flower' pattern after several hundred million years.

花有万种姿态，鱼儿常组成各种队形，一万只蝴蝶为什么就有着一万双不同的翅膀。

One kind of flowers has its own beauty, and one kind of fish swims in its special shape. Yet why 10000 butterflies have 10,000 different pairs of wings.

# （三）面料与工艺概念

我们并不是随意定下了这个主题。
We did not set the theme at will.

（四）款式造型概念

# 四、设计表现

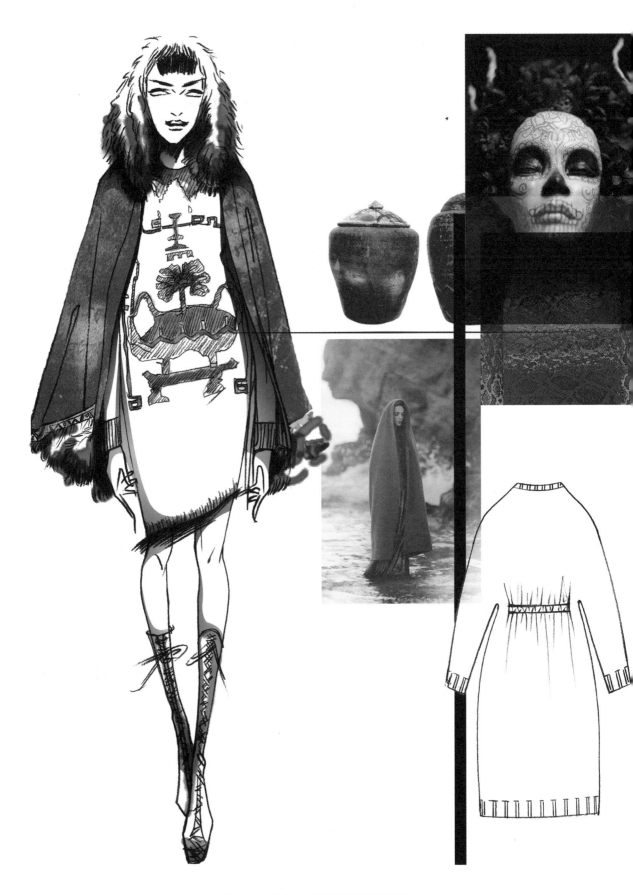

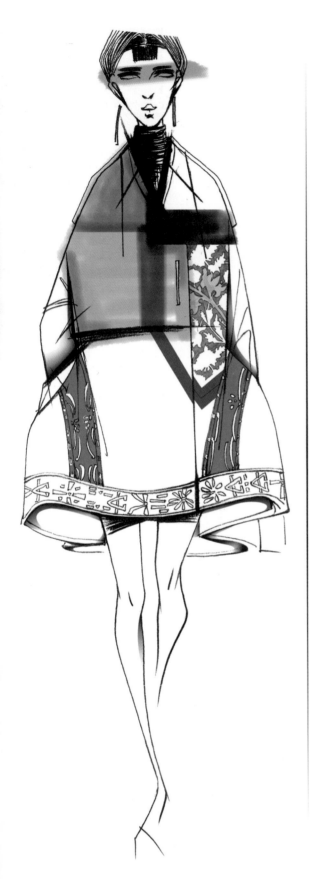

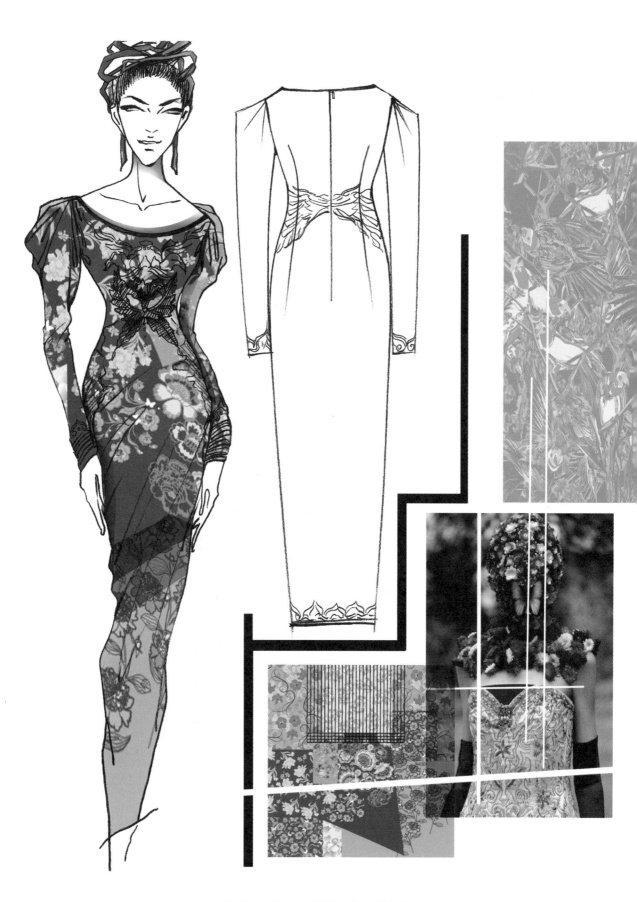

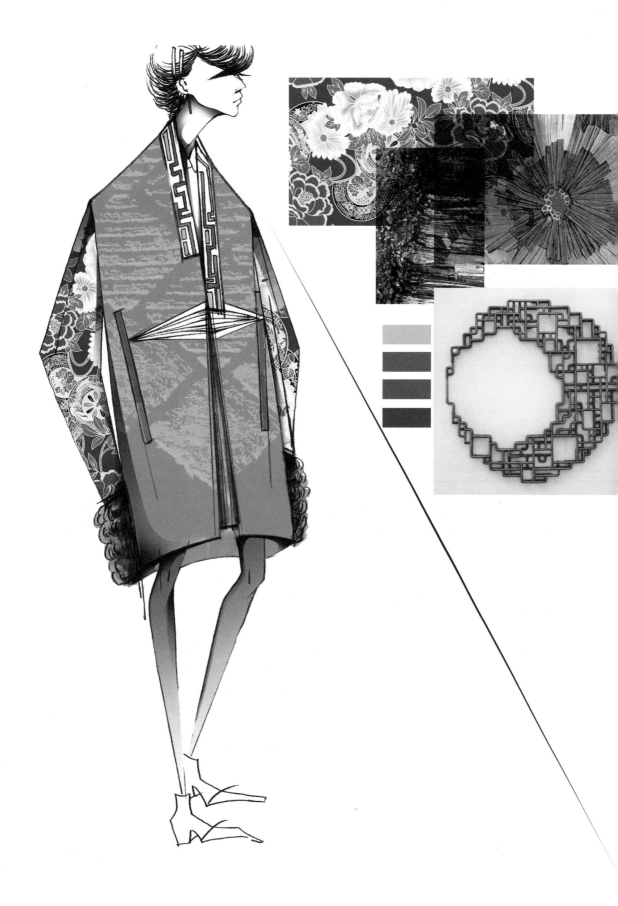

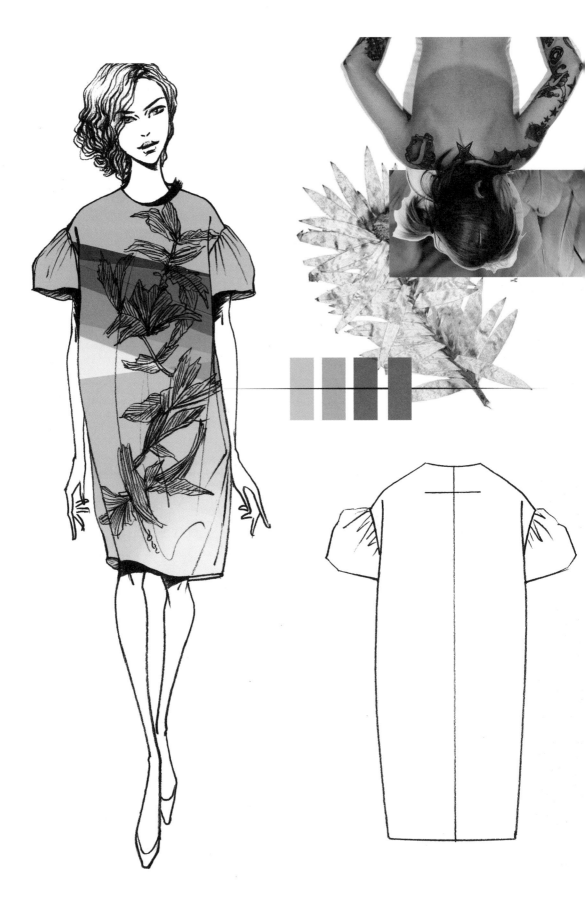

# 一、国外著名设计师作品

## 三宅一生（Issey Miyake）

　　日本在世界人的眼里是一个文化悠远、东方气息浓厚、受西方时尚文化影响极深的国度。现代与传统、东方与西方融合的理念，是日本人对待服装的一种穿衣态度，同时也是日本服装设计界经常被提及的。比如在国际服装设计师中占前几名的三宅一生（Issey Miyake）、高田贤三（KenZO Takada）、川久保玲（Rei Kawakubo）、山本耀司（Yohji Yamamoto）、森英惠（Hanae Mori）等，都是在这样矛盾、混合的文化中抚育出来的。

　　"我们时代最伟大的服装创造者"。这是巴黎装饰艺术博物馆馆长对三宅一生（Issey Miyake）的评价。

　　三宅一生（Issey Miyake），1938年出生于日本广岛。最初的梦想想当一名画家，而最终走上了服装设计的道路。三宅一生利用逆向思维去设计和开拓新理念、新想法，以东方神韵的时装风格给西方的服装领域革命性的冲击，真正体现了东方服饰美学的审美（图4-1-1）。

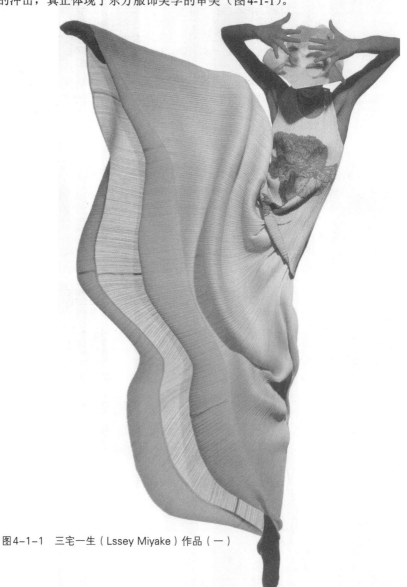

图4-1-1　三宅一生（Lssey Miyake）作品（一）

三宅一生的设计，大家对他的深刻印象是对面料创意，以及性能的掌握和研究。正如他所言"衣服必须要被看到，但不仅从外表能看见，里面也要能感觉到。"只有熟悉了面料的性能，才能结合目标顾客的需求去设计草图。灵感源于日本的传统手工艺折纸艺术的"三宅裙"将人道的思想贯穿于服饰中，便于携带，易保管，无需整烫和保养，改变了高级时装及成衣一贯平整光洁的定式（图4-1-2，图4-1-3）。

图4-1-2　三宅一生（Issey Miyake）作品（二）

图4-1-3　三宅一生（Issey Miyake）作品（三）

在服装造型上，借鉴东方宽衣博带形式隐人体于服装中，追求人与自然的和谐。结构上采用立体裁剪和平面制版相结合的方法。穿着方法，尽量给其发挥空间的个性，混搭、组合，多种穿法，让着装者和设计师共同来完成（图4-1-4，图4-1-5）。

三宅一生成为现在左右服装界发展方向的服装设计大师之一。

图4-1-4　三宅一生（Issey Miyake）作品（四）

图4-1-5 三宅一生（Issey Miyake）作品（五）

# 二、国内著名设计师作品

## NE·TIGER（东北虎）

在时装界，Haute Couture（高级定制）意味着奢华、顶级，品质生活的象征。扎根于华夏五千年文明，秉承"贯通古今，融汇中西"的设计理念，NE·TIGER开创了别具特色的中国式高级定制。

NE·TIGER充分体现民族融合的理念，汲取汉、藏、苗、傣、彝、纳西等50多个民族的服装艺术元素，采用真丝面料，将散落于民间的各项工艺（缂丝、刺绣、剪纸、绣绳等）及织造大师的绝技，汇集在精美的华服之上，用西方的立体裁剪勾勒和衬托出其作品的东方神韵和内涵。

NE·TIGER绝艺——云锦、缂丝、刺绣、剪纸、绣绳、手绘。

剪纸是中国民间传统装饰艺术之一，从汉代至今有着悠久的历史，民间剪纸题材比较广泛，有动物、植物、生活场景等，在表现形式上有许多寓意，代表吉祥、美化的特征，用其特定的表现语言传达出传统文化的内涵和本质。

NE·TIGER将传统剪纸艺术工艺在其礼服领域再创造、纯手工制作，面料采用优质、舒适、天然的桑蚕丝设计（图4-2-1）。

图4-2-1　NE·TIGER 2014年
华服（一）

## 刺绣

NE·TIGER将苏、粤、湘、蜀四大名绣的技巧用于其华服之中（图4-2-2～图4-2-4）。

图4-2-2　NE·TIGER 2014年华服（二）

图4-2-3 NE・TIGER 2014年华服（三）

NE·TIGER的国色——黑、红、蓝、绿、黄。在我国古代，秦朝前崇尚黑色；汉朝盛行红色；南北朝推崇蓝色；宋朝以绿色为主流；明清时期黄色象征皇权。

图4-2-4　NE·TIGER 2014年华服（四）

# SHIATZY CHEN（夏姿陈）

SHIATZY CHEN（夏姿陈），一个带有东方民族设计元素的世界精品时尚品牌。夏姿陈服饰于1978年成立，专事于设计与生产高级女装，至今已成为拥有高级女装、高级男装、高级配件以及高级家饰品的综合品牌。

设计师王陈彩霞生于1951年，中国台湾省彰化县人。夏姿陈服饰是由她和王元宏携手创立的，成为中国台湾时尚产业的传奇与代表。其服装作品主要采用丝绸、麻、毛、棉等天然面料，尤其对丝绸倍加喜爱。服装的板型独特、解构，工艺制作考究；设计元素多运用刺绣、手绘、钉珠等工艺手法。每一季的产品除了附和国际潮流，注入当代时尚美学之外，同时融入了中国文化之理念，使得其作品风格含蓄优雅、精致灵透，有很强的艺术性和商业价值，因此也成为SHZATZY CHEN的经典风格——将中国传统民族服饰中的写意风格及西方写实风格完美地结合（图4-2-5～图4-2-8）。

图4-2-5　SHIATZY CHEN（夏姿陈）作品（一）

图4-2-6  SHIATZY CHEN（夏姿陈）作品（二）

图4-2-7　SHIATZY CHEN（夏姿陈）作品（三）

图4-2-8　SHIATZY CHEN（夏姿陈）作品（四）

# 郭培

"设计是一种态度。"

"我从来没有把自己当作一个商人,一个优秀的设计师在艺术创作中是不能有任何杂念的。"

"我喜欢苛刻的客人,他们会使我的设计水平不断提高,让玫瑰坊的每一个人不断进步。"

郭培,中国最早的高级定制服装设计师。

刺绣是玫瑰坊在传统工艺的继承与发展中的一大亮点,其服装设计作品强调色彩的配色、拼色、过渡、分割与组合,运用不同的材料,通过不同的针法以及色彩的不同组合搭配,使服装作品形成丰富的色彩和凹凸感(图4-2-9~图4-2-13)。

图4-2-9 郭培作品(一)

图4-2-10　郭培作品（二）

图4-2-11　郭培作品（三）

第四部分　鉴赏·民族风格服装设计作品分析　　207

图4-2-12　郭培作品（四）

图4-2-13 郭培作品（五）

# 三、学生优秀作品欣赏

哈嗦故事。
Suo Story.

张涛涛　作品

黑夜悄悄地缩放花朵，却让白天去接受谢意。

The night ppens the flowers in secret and allows the day to get thanks.

# READY-TO-WEAR

朱圣伟　作品

INSPIRATION

主题：珊瑚海 余情作品

**灵感来源**　INSPIRATION

本系列灵感来源于海洋生物珊瑚海，结合流行趋势，色彩上运用灵感图片珊瑚海蓝紫渐变色系，细节上采用装饰性的织片进行仿生设计，款式上结合女性修身显露曲线设计与局部夸张设计相结合，针法上以钩编为主。

# READY-TO-WEAR

NO.2                                      NO.3

NO.1

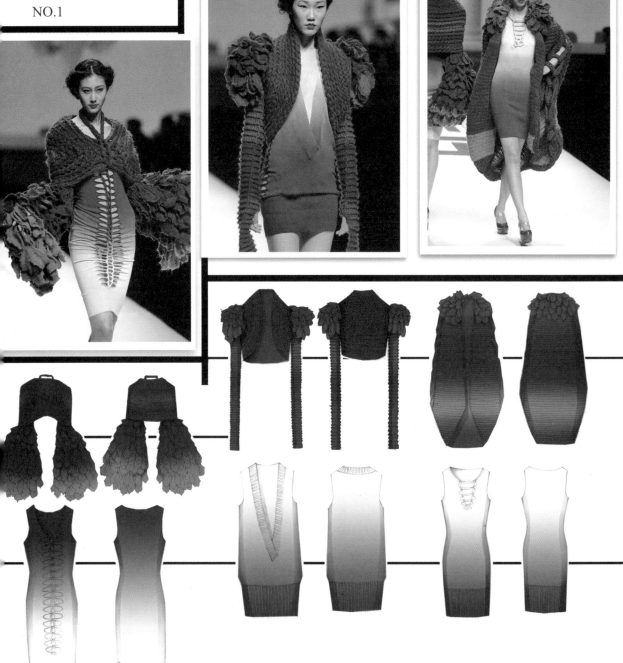

張宁作品

主题：流年

枯藤老樹昏鴉 小橋流水
人家古道西風瘦馬夕陽
西下斷腸人在天涯
馬致遠天淨沙·白鴻秋思

## 灵感来源 INSPIRATION

此系列灵感来源于马致远的词《天净沙·秋思》：枯藤老树昏鸦，小桥流水人家；古道西风瘦马，夕阳西下，断肠人在天涯。
本系列提取了作者表达感情里的"思"，采用怀旧色彩，粗细针织法相结合，加上网眼效果，立体编织，不同层次表达服装效果，增强服装的节奏感。过往的青春，生命中深刻划过的痕迹，随着棒针的摆动编织进去，呈现了五彩斑驳的针织肌理。

# READY-TO-WEAR

关键词：穿插、错位、怀旧

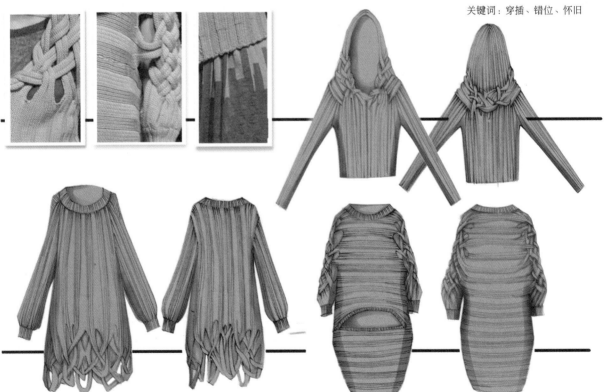

INSPIRATION

王莹　作品

主题：浮生若斯

人是一个出生的孩子，成长是他的力量。
Man is a born child, his power is the power of growth.

# READY-TO-WEAR

SKETC

朱言 作品

# INSPIRATION

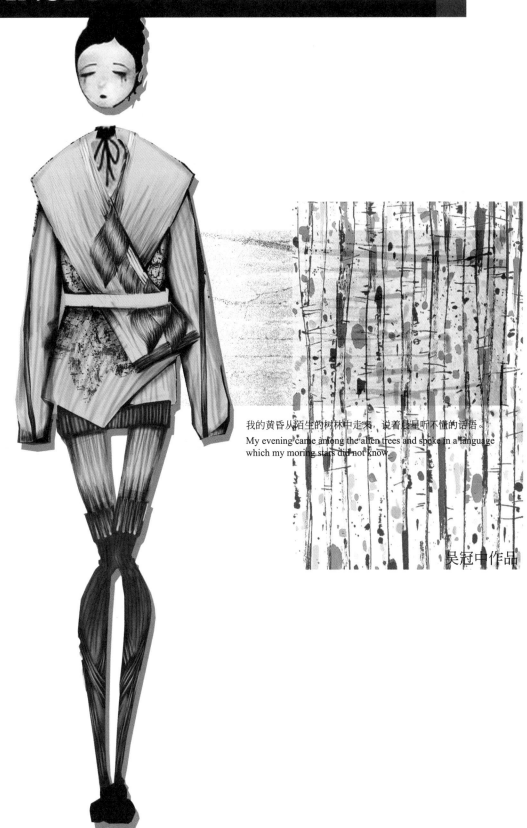

我的黄昏从陌生的树林中走来，说着晨星听不懂的话语。
My evening came among the alien trees and spoke in a language
which my moring stars did not know.

吴冠中作品

# 参考文献

[1] 余强编著. 设计学概论. 重庆：重庆大学出版社，2014.

[2] 余强等著. 织机声声：川渝荣隆地区夏布工艺的历史及传承. 北京：中国纺织出版社，2014.

[3] 刘天勇，王培娜著. 民族/时尚/设计——民族服饰元素与时装设计. 北京：化学工业出版社，2010.

[4] 钟茂兰编著. 民间染织美术. 北京：中国纺织出版社，2002.

[5] 戴平. 中国民族服饰文化研究. 上海：上海人民出版社，2000.

[6] 范朴，钟茂兰编著. 中国少数民族服饰. 北京：中国纺织出版社，2006.

[7] 余强等著. 西南少数民族服饰文化研究. 重庆：重庆出版社，2006.

[8] 刘天勇，胡兰编著. 成衣设计教程. 重庆：西南师范大学出版社，2013.

[9] 文红，刘天勇编著. 装饰设计. 重庆：重庆大学出版社，2012.

[10] [英]古尔米特·马塔鲁（GURMIT MATHARU）编著. 什么是时装设计. 江莉宁，刁杰译. 北京：中国青年出版社，2011.

[11] [英]卡罗琳·特森，朱利安·西门著. 英国时装设计绘画教程. 黄文丽，文学武译. 上海：上海人民美术出版社，2004.

[12] 于晓丹著. 说穿. 北京：中信出版社，2014.

[13] CR FASHION BOOK，2014，No.5.

[14] ISSEY MIYAKE. PLEATS PLEASE. TASCHEN，2012.

[15] NE·TIGER Huafu.

[16] 王培娜编著. 毛衫设计手稿. 北京：化学工业出版社，2013.

[17] [法]凯瑟琳·施瓦布（Catherine schwaab）著. 当代时装的前世今生. 李慧译. 北京：中信出版社，2012.

[18] 南都图库网http：//www.dlldq.com/newshot/25771/wuyongpinpai/.

[19] 中国式新娘华美演绎定制礼服_网易女人http：//fashion.163.com/12/0507/17/80TUC6H0002624H1.html.

# 后 记

　　我国丰富的传统民间艺术资源是一个可以充分利用的优势资源，民间艺术特有的表现形式，蕴涵的思想，精妙的工艺，特别是丰富多彩的民族服饰，可以使我国服装在设计上寻找到"根"的内在文化依据，民族传统文化中呈现的形式意境以及所开拓的设计想象空间在现代服装设计中可以得到绝好的延伸。本着这样的思想，我十余年来利用寒暑假坚持到全国各地考察采风，收集大量第一手资料，回到课堂上结合服装设计给学生们分析讲解，教学效果生动显著。由于我和同事王培娜老师有了前面一本书（《民族/时尚/设计——民族服饰元素与时装设计》）的合作经验，并在化学工业出版社的帮助下，我们再次合作，前后用了两年时间，将这些年服装设计教学中的经验和授课讲稿整理出来编写完成了此书。

　　本书的完成曾得到许多人的帮助与支持，在这里我要特别感谢四川美术学院设计系余强教授，余强教授是我读研究生期间的导师，一直支持我选择的这条学术道路，他在百忙之中阅读了本书的初稿，提出了许多宝贵意见，并抽空为本书写序。还要感谢我的师妹孟君、刘银银，师弟徐懿，孟君参与了本书第二部分第二章节的编写，并提供了她研究生期间的毕业作品，该作品是当年优秀毕业设计作品，非常具有参考价值，刘银银参与了本书第二部分第四章节的编写，提供了部分图片，徐懿也为本书的编写给予了大力帮助，在此表示真诚感谢！还要感谢我们的学生刘晓慧、刘晓杰、姜腾娇，他们协助我们完成本书的部分排版和图片整理，同时还要感谢青岛大学纺织服装学院的领导和同事们，是他们一直以来的关怀和照顾，激励我进取前行。

　　因水平有限，本书一定存有许多不足之处，恳切希望各位专家学者与同道斧正。

刘天勇
2016年3月